打 开 心 世 界 · 遇 见 新 自 己
HZBOOKS   PSYCHOLOGY

HZ BOOKS
华章心理

U0312160

Psychotherapy
Isn't What You Think

Bringing the Psychotherapeutic Engagement
into the Living Moment

心理咨询
不是你想的那样

［美］詹姆斯·F. T. 布根塔尔（James F. T. Bugental） 著

王光伟　王甜　董晓苏　译

机械工业出版社
China Machine Press

图书在版编目（CIP）数据

心理咨询不是你想的那样 /（美）詹姆斯·F. T. 布根塔尔（James F. T. Bugental）
著；王光伟，王甜，董晓苏译 . -- 北京：机械工业出版社，2022.6
书名原文：Psychotherapy Isn't What You Think: Bringing the Psychotherapeutic
　　　　　Engagement into the Living Moment
ISBN 978-7-111-70849-0

I. ①心⋯　II. ①詹⋯　②王⋯　③王⋯　④董⋯　III. ①心理咨询　IV. ① B849.1

中国版本图书馆 CIP 数据核字（2022）第 089418 号

北京市版权局著作权合同登记　图字：01-2022-0826 号。

James F. T. Bugental. Psychotherapy Isn't What You Think: Bringing the Psychotherapeutic Engagement into the Living Moment.

Copyright © 1999 by Zeig Tucker & Theisen Publishers.

Simplified Chinese Translation Copyright © 2022 by China Machine Press. This edition is authorized for sale in the Chinese mainland (excluding Hong Kong SAR, Macao SAR and Taiwan).

No part of this book may be reproduced or transmitted in any form or by any means, electronic or mechanical, including photocopying, recording or any information storage and retrieval system, without permission, in writing, from the publisher.

All rights reserved.

本书中文简体字版由 Zeig Tucker & Theisen Publishers. 授权机械工业出版社在中国大陆地区（不包括香港、澳门特别行政区及台湾地区）独家出版发行。未经出版者书面许可，不得以任何方式抄袭、复制或节录本书中的任何部分。

心理咨询不是你想的那样

出版发行：机械工业出版社（北京市西城区百万庄大街 22 号　邮政编码：100037）
责任编辑：刘利英　　　　　　　　　　　　责任校对：殷 虹
印　　刷：河北宝昌佳彩印刷有限公司　　版　　次：2022 年 7 月第 1 版第 1 次印刷
开　　本：170mm×230mm　1/16　　　　印　　张：18.25
书　　号：ISBN 978-7-111-70849-0　　　定　　价：79.00 元

客服电话：（010）88361066　88379833　68326294　　投稿热线：（010）88379007
华章网站：www.hzbook.com　　　　　　　　　　　读者信箱：hzjg@hzbook.com

版权所有·侵权必究
封底无防伪标均为盗版

步入晚年，我意识到很多人都成了我的老师。在致谢中，我感谢了其中一些人；在这里，我想在这份致谢的名单上再加上一些。

本书写的是"活着"这个了不起的事业，因此我首先想到的是我的家人。我特别想铭记我从 Elilzabeth、Karen、J. O. Jane 和 Mary Edith Bugental 那里得到的灵感和支持。虽然有时我们之间会出现分歧，但在我有需要时，他们都会义无反顾地给予我勇气和支持。

我的四位老师 —— 罗洛·梅（Rollo May）、乔治·凯利（George Kelly）、卡尔·罗杰斯（Carl Rogers）和亚伯拉罕·马斯洛（Abraham Maslow），对我理论的形成特别重要。我很高兴能够认识他们。不管是与之交往，还是阅读他们的著作，聆听他们的教导，我都收获颇丰。

我的其他老师是我的来访者、同事、学生和受训者。他们的名字实在太多，与之相遇，是我三生有幸。

致 谢 ————

一个好汉三个帮

　　我想对为本书做出贡献的那些人表示感谢。他们的人数如此之多，以致我也在为这个名单存在的偏颇而深感苦恼。在本书的写作过程中，许多人分享的个人经验对我都很有启发，我希望他们能够感受到我的感激之情。

　　我觉得特别幸运的是，我的妻子，同时也是我的朋友、搭档和同事Elizabeth Keber Bugental 博士给了我很大的帮助。她非常准确地理解了我所要表达的基本思想。正因为如此，她才帮我为本书想出了贴切的标题。她相当了解我，她看完手稿之后常常能帮助我找到更好的表达。

　　Myrtle Heery 博士的眼光很敏锐，她尤其会注意那些细枝末节的段落。她也有相当丰富的培训经验，能发现新手可能产生误解的地方。

　　Arthur Deikman 博士本人就是一位杰出的作家和精神病学家。他会提出一些难题来开阔我的视野。他自始至终都表现出的兴趣和传递的支持感，对我而言是最好的鼓励。

Molly Merrill Sterling 博士和 David J. W. Young 博士是我以前的合伙人（我从心理咨询公司退休之前）。他们常年教授这一疗法，经验丰富。他们的贡献是独一无二的。

我的咨询小组和培训项目的成员实在太多了，在此无法一一提及。但他们在这个疗法的实践过程中贡献的无穷精神力量、表现出的满腔热情和提供的丰富启发，常令我自愧不如。

前　言 ————

来访者教会我的那些事儿

在当下，生命方可绽放[⊖]

我想分享一句重要的座右铭：在当下，生命方可绽放。而我自己也必须做到知行合一。此刻正是 1998 年的初春，我在加州北部的一个小镇诺瓦托，在我的办公室里。我知道作为本书的读者，你可能在 21 世纪读到这些文字，可能在亚特兰大、纽约或得克萨斯州坎宁市，或者在我不知其名的中国城市的图书馆里，或者也可能在任何其他时间和地点。

我只能带着我的体验，穿越时空去与你相会，去认识到：通过阅读这些文字，你也正在尝试与我相遇。

我们需要认识到的是，这种状况也正是心理咨询的特点。我们必须试着跨越巨大的鸿沟去全然倾听——倾听来访者的话语、意图、情感、需

⊖　该标题英文原文为"What Is Alive Is What Is Now"。——译者注

求、所做的努力以及其他一切能够表达来访者独特生活体验的内容。

本书的一个基本区分

在**体验**和关于体验的**信息**之间做出显著的区分是至关重要的。体验（experiencing）是指一些事情此刻**正在**发生，它是一个动词。而信息（information）则是一个名词，它是静止的，它仅在**谈论**生命，而非生命**本身**。生命处于运行之中、选择之间，立于变化之时、呼吸之刻，生命的本质是全然活跃的。因此，生命是主观的，在某种程度上它总是不可预测的，不能完全被理解，具有不确定性。所以，这种主观体验的表达总是包括两个步骤：从生命之流中提取出信息，并将它变为语言；然后从此时此刻中剥离。

本书的要义

写一本敢于挑战一个领域已有观点的书，本身就是对作者的巨大挑战。我对那些曾经是我的老师和榜样的人心怀敬意，对他们如此慷慨地分享智慧的行为心存感激。并且我也不断地从那些富有创造力和善于表达的朋友那里得到滋养和激励。我的学生、受训者和执业咨询师是激励我突破自我极限的另一动力。他们向我寻求指导与引领，这是对我的恭维。正因为遇见这些贵人，我才能完成本书的写作。站在贵人的肩膀上，我才得以提出新的理论，并以此向他们表达真诚的敬意。

正是基于这些丰富的资源，半个世纪以来，我一直在参加心理咨询的培训，进行心理咨询的实践工作，接受和实施督导，教授课程，以及撰写这本书，用来说明"心理咨询"[○]的事业。总之，我相信，现在正是我们继

○ psychotherapy 在本书中多被译为"心理咨询"。——译者注

续前行的时候。我们要做的不仅仅是对现有原则进行新的应用，我的计划是重新审视其中的某些原则。

下面列举了一些普遍指导着我们当前心理咨询理论与实践的关键假设。我号召大家重新思考这些假设，我也想提出一些新的构想：

* 一个人当前的生活方式可以由其个人经历来解释（例如：历史因果关系）。
* 理解来访者个人史中导致痛苦的生活模式的根源，将会改变或消除该模式。
* 心理咨询师对来访者生活模式的诠释，对来访者产生深刻而持久的改变至关重要。

在本书下面的章节中，我将提出不同于以上描述的、关于心理现象的新构想。这些新构想将超越过去 25～50 年间占主流地位的思想。

我还坚信，即使这些新构想得到普遍的接受和广泛的应用，将来它们迟早也需要被重新审视、修改或取代。这种无常的变化，就是生命的本质，也是人们不断努力去理解和探究的本质。它就像迷雾一般围绕、包裹着我们，是所有人都一直要面临的挑战。

存在 - 人本主义的视角

本书保持了《心理治疗的精进》[⊖] 的特点，并进一步发展了其中阐述的观点。读者能否理解本书的内容，并不取决于是否熟悉《心理治疗的精进》，但如果对两本书的内容都熟悉，则也许会相得益彰，起到相互补充

⊖ Bugental, J. F. T. (1987). *The art of the psychotherapist*. New York：Norton. 此书中文版已由机械工业出版社出版。

的效果。[⊖]

总体而言，我所提到的存在－人本主义取向是一项改变生命的事业，读者若想了解我对这一取向理解的演变，可以进一步查阅本书提及的书目。我的另外两本案例书（1976，1980）对此也有阐述。

对这种治疗方法的进一步描述也可参考我的其他出版物。

⊖ 此外，作者的另外两本书提供了相关的背景陈述，它们是《心理咨询与过程》（*Psychotherapy and Process*）（1987）和《寻求真实》（*The Search for Authenticity*）（1965）。

Psychotherapy
Isn't What You Think

目 录 ————

——— 开场白

心理咨询不是你想的那样。它既不是对某种疾病的治疗，也不是向一个睿智的顾问寻求的指导；它既不是好朋友之间的倾心分享，也不是关于深奥知识的学习；它既不是对一个人错误的揭露，也不是寻找一种新的信仰。心理咨询和你想的不一样。

心理咨询不是你想的那样，这让许多人无比惊讶。心理咨询的首要任务不是回溯你的童年、探讨你的创伤或所受的伤害，不是关于你体内的病菌，不是讨论你所养成的坏习惯，甚至是你的消极态度。心理咨询的首要任务与以上无关。

心理咨询不是关于你"**想了什么**"，而是你"**怎么想**"。它聚焦于你在思考时未曾意识到的内心过程，帮助你区分你的思考内容与思考方式。它并不太关注如何去解释你的行为模式，相反，它会更专注发现行为模式背后的意义。

心理咨询关注你如何思考。它关注你如何与自己的情绪相处。它在意你用怎样的方式建立与重要他人的关系。它聚焦于你的人生抱负，以及你如何不自觉地使它变得难以实现。它帮助你看到你一直寻求的改变已然发生。它使你看到和欣赏自己内心深处的永恒之光。

心理咨询不关注你想了**什么**，而关注此时此刻你**如何**与自己共处。

关于措辞

一个对代词敏感的人，会发现她在读这句话的时候被冒犯了吗？或者换成"他"这个字会感受到被冒犯吗？很明显，男性并不喜欢用表示女性的"她"这个字来称呼自己，而越来越多的女性可能也不愿意被不分青红皂白地称呼为表示男性的"他"。

在社会进程中，人们越来越意识到，仅用阳性代词来称呼两性确实不合时宜。对这种不合时宜和文化落后的现象，我们还没有找到完全令人满意的修正方法。

在准备这本书的过程中，我试图用单词的复数形式来绕过上面的问题。比如我会说"**来访者们（clients）**来寻求心理咨询的原因各有不同"。当我们广泛地概括时，发现这还能说得过去。

但是本书是关于一对一更深度交流的论述，有很多说明性的片段，在切换到复数形式时，就变得非常不合适。

因此我选择了权宜之计。除非另有说明，我会对咨询片段中来访者和咨询师的性别进行逐章替换。⊖

⊖　如果前一章的来访者和咨询师都是男性，那么在后一章中都是女性。——译者注

—— 导 言

本书的中心思想

概要

这个概要是为了帮助读者理解本书的内容。有张"鸟瞰图"，可以促进作者与读者之间的交流。当谈论主要的内容时，用打比方的方式来说，我和读者是在天上巡航；而在举例和呈现特定方案时，我们则回到了地面上。

读者会发现本书还有其他有助于理解的方式。每一章都会以一段概要开头，说明该章的内容与整本书的关系。页下注向读者指出其他参考信息，或澄清读者可能不熟悉的观点或术语。

　　本书的主题为：以信息为中心的心理疗法和以来访者此时此地的实际体验为中心的心理疗法（该疗法对改变生命具有重大意义）之间的区别。

　　诚然，许多治疗取向对两者皆有关注，但我在本书中强调的是两者的不同。为了做到这一点，我会详细描述后者的价值观、要求和工作过程。

　　第 1 章简述了两者的区别。第 2 章在概念上详尽阐述了这些区别。在下文中，我将勾勒出更多的对比，以便清楚呈现其中的差别。

　　以信息为中心的疗法似乎非常倚重被彻底调查的个人史、逐步建构的因果联系和对来访者体验（如抱怨、问题根源、阻抗等）的小心阐释。与另一种疗法相比，它更多关注过去，而且常常倾向于将咨询师视为改变的最重要因素，或至少是主要因素。

　　以体验为中心的疗法则将此时此刻正在实际发生的来访者的主观体验置于中心位置。这涉及来访者表达中的意向性、品质[⊖]、隐含的情感基调、情感强度和有效性（比如它在多大程度上促进了进一步的内部探索与表达）。它主要是现在进行时的（即发生在此时此刻）。更为重要的是，来访者被认为是改变的**唯一**来源，而咨询师主要是来访者进行自我工作的促进者。

　　当然，其他的疗法，比如一些较新的精神分析方法，也将来访者的体验置于治疗性改变的重要位置。然而，这些疗法通常根据来访者的个人史来解释其当前的动机。而我的观点是，这样做会削弱咨询的工作效果，并最终导致对来访者的记忆进行探索的效率变低。这个观点的背后，是对"认为个人史是人类产生精神问题的核心原因"的挑战。我将在第 3 章中对此进行讨论。

　　无论人类的意识指向客观还是主观，它总是处于变化之中。无论我们

　　⊖　指一个人的行为所表现的思想、认识、人品等的本质，它不仅涉及道德水平，也涉及一个人的能力、健康、受教育程度等。——译者注

关注外部对象（如一朵花、一个人、一处街景）还是内部对象（如一种情绪、一丝想法、一个意图），这种关注总是处在演变当中。保持一成不变的关注是不可能的。我们的眼睛所见之物、我们的情感和想法总是在变化。这种变化以**搜寻（searching）**的形式呈现，并探索所发现的一切事物及这些事物的边界和内容。

广义上，一个人的意识可能涉及多个层次，从我们最容易意识到的层次到深处的潜意识层次。在这个巨大的"水库"中，搜寻过程将不断带来新鲜的和常常也是更深层的觉察。通过对意识的打开和扩张，对一个人的生活体验（包括生活的痛苦）的改变成了可能。（见第 4 章）

对咨询师来说，为了最有效地推动这种搜寻，咨询师需要切实地对自己的角色和义务，以及来访者的权利和责任进行透彻的思考。这样可以使得咨询风格自由、能量充分流动，同时也深切关注到来访者的需求和福祉。（见第 5 章）

治疗性访谈需要稳定的框架来保证咨询工作的连续性和聚焦性，但必须避免僵化或使形式大于内容。这种类型的框架将如何参与咨询的重大责任交给来访者。类似地，它也为咨询工作的推进提供了一个连续的参照点。（见第 6 章）

我们依据对自己和他人的诠释，来定义自身的存在，以及个体和整个世界的本质。因此，这些"自我与世界"的定义在成就我们的生活的同时也带来了限制，有时带来的是扭曲。（见第 7 章）

定义了我们的自我 - 世界建构系统，也让我们感受到生活的连续性，给了我们身份感或实体感。然而，由于在我们的生活中起着如此重要的作用，它也抵制改变。这种对改变的**阻抗（resistance）**是深度心理治疗的一个核心特征。与阻抗一起工作挑战着来访者的勇气和咨询师的技能。（见第 8 章）

在日常生活中，我们大多数情况下都会强调公开、明确、客观。在许多方面，我们被迫把自己和其他人当作物体来对待。当这种把人视为物的现象变得**太过分**时，就会给心理咨询的理论和实践带来大麻烦。而我的观点是强调关注来访者的主体性（subjectivity）。反过来讲，应用此疗法的咨询师也要注意自己在此时此刻的主观体验。这个主题相当重要，所以这一章以及后面的两章都会继续讨论它。（见第 9 章）

那些把自己局限在客观性上的心理咨询师会遇到严重的阻碍。当然，故意这样做的人很少见，但许多专业人士无意中就让它发生了。客观性的语言表达使我们陷入问题解决、线索收集和解释性说明的陷阱中，所有这些都转移了我们的注意力和工作方向，使我们忽略了那些可能以更含蓄的方式传达出来的信息。来访者的内心世界，特别是他们内心对自己的态度，是通过无意识的语言习惯来表达的。（见第 10 章）

在我们当前大部分的生活中，人类主观世界的丰富性、相关性和力量很有可能被忽视。如果我们花点时间去思考主体性的地位，我们可能会认识到，从根本上讲，主体性是我们最真实的生活领域。一种能够促使生命重建的心理疗法绝不能忽视这一关键事实。（见第 11 章）

本章呈现一个虚构的个体心理咨询的完整过程的概述性报告，可以详细地展示这种疗法的应用。这将把几个月的咨询报告展现给读者，使读者看到一个成功的咨询过程，从而使他们对本书的观点有更丰富、更具体的理解。（见第 12 章）

针对上一章的咨询案例，本章对来访者和咨询师的工作进行评论，揭示他们之间更多的互动细节及其可能产生的效果。对咨询师经常遇到困难的关键点，做了详细的阐述。（见第 13 章）

本章罗列了心理咨询产生变化的有效因素，澄清了如下事实：心理咨询的目的与其说是康复或治愈，不如说是指导来访者提高生活技能和更好

地实现自我成就。（见第 14 章）

　　综上所述，我的建议是对心理咨询师的工作重点进行转移，转移到培养来访者的自我探索能力上。我无意推翻主流的心理咨询理论，而是希望通过珍惜来访者自身真实的、此时此刻的体验，了解咨询师可以在多大程度上推动来访者已经呈现出来的成长趋势，从而赋予它更大的力量。

——第 1 章

何为"此时此刻"
两个心理咨询案例

心理咨询方法的描述与对比的维度有很多，其中最基本的一个是比较咨询师的关注焦点。

心理咨询中最常见的方式可能是聚焦于信息：咨询师从来访者那里收集信息，然后对这些信息进行主观的处理，再用解释的方式将其反馈给来访者。

与之相反，我认为将关注焦点转移至来访者此时此刻的体验，将为咨询工作开辟全新的视角，并使心理咨询在激发有意义的生命改变时具有更强大的力量。

　　本章有两个虚构的咨询访谈，来访者的名字是"戴夫·斯特恩"，这个化名不包含任何真实的个人信息。这两个访谈的目的在于向读者生动地展现两种治疗方法的不同。

　　第一个咨询案例呈现的是折中式的、人道的咨询者和心理咨询师的典型工作方式，他们把关注点放在信息上。而第二个案例则描述了另一种心理咨询师的工作方式，其关注点在来访者真实的、此时此刻的体验上。

以信息为中心的访谈（A）

来访者（以下简称"访"）：戴夫·斯特恩

咨询师（以下简称"咨"）：马克·吉莱斯皮

　　来访者接受每周两次的心理咨询已有五个月了。他最初的问题是焦虑和身体疲惫。这些问题出现得越来越频繁，并且相当严重，使得其建筑师的工作都受到了影响。最近这些问题出现的频率有所下降，但其强度并无降低。

　　今天是第 39 次咨询，对这个阶段而言，这是非常典型的一次咨询。虽然来访者戴夫对咨询的投入时好时坏，但他和咨询师马克的咨访关系稳固。马克一直相对低调，主要是鼓励戴夫发现自己的感受和对自己的看法。

访 -1A：我不知道今天该说些什么。我觉得最近情况好多了。而且，我最近生活中也没发生什么事。所以……（他停顿了一下，神情不定）

咨 -1A：你还记得我们上次讨论的内容吗？你说你对自己的感受很难专注。

访 -2A：是的。(停顿，深吸一口气）嗯，我只是想知道你觉得我应不应该，我的意思是我可不可以……把咨询减少到每周一次。

咨-2A：这个想法有什么原因吗？

访-3A：嗯，就是咨询费太贵了，而且我的收入不像以前那么高了。而且……我想我的低谷期，就是焦虑期，最近已经不怎么出现了。

咨-3A：你为什么这样想？

访-4A：哦，我不知道。我觉得这和我跟你说的那些事有关。我说过我爸爸重视工作，对工作既认真又负责。但我上大学时却整天游手好闲……这些我们已经谈过，但是我……我好像一直背负着他的期待，总是想让他认可我，你知道的。

咨-4A：嗯。你现在想要得到我的认可吗？

访-5A：我想我还没准备好结束咨询，但是我可以稍微降低一点咨询的频率。你也这么看吗？

咨-5A：如果有必要的话，我觉得你可以一周来一次，但我不确定现在是不是做这个决定的最佳时机。你也了解我们还有很多没有讨论的问题，例如你的工作对你来说意味着什么。又例如在办公室之外，工作对你的人际关系的影响是什么。

访-6A：是的，也对。嗯，我只是有这个想法。

咨-6A：我理解，但我在想，你减少咨询的冲动是否反映了你对我们的咨询，或对我有什么看法？

访-7A：哦，我不这么认为。我感觉我们的咨询很好。

咨-7A：嗯。（等待，期待的态度）

访-8A：是的，嗯……（犹豫了一下，不知道该说什么）嗯，我不知道还能说些什么。(他停顿了一下,快速地看了一眼咨询师,然后闭上眼睛。他的表情变得专注,然后带着恼怒抬起头)嗯,我不知道从哪儿说起。事儿太多了,好像没有什么是重要的。

咨-8A: 你要说一说上次你告诉我的事吗?关于你和你女朋友这些天在哪儿。

访-9A: 好的,可以。嗯,周日我们去了海滩,那真是美好的一天。那里人很多,每个人都想在秋天来之前晒晒太阳。

咨-9A: 嗯。

访-10A: 我告诉内尔,她穿比基尼真的很好看,但我打赌她不穿会更好看。(笑了一下)

咨-10A: 她怎么反应的?

访-11A: 哦,她笑了,还说了些"不要着急"之类的话。她对性方面的事情并不是很保守。我告诉过你,有时候我们会非常亲密。

咨-11A: 那是你希望的吗?

访-12A: 什么意思?

咨-12A: 你想和她有……浪漫的关系或者性关系吗?

访-13A: 哦,我真的很想,但这没有什么好着急的。我的意思是,她已经暗示过了。这就是为啥上周我们去看那部电影的时候,我觉得她和我一样兴奋。我想也许我们应该去她家,然后……做爱,但是……但是她说她还没有准备好……但我不用等太久。

咨-13A: 所以?

访-14A: 所以我可以等。但这不是我要谈的。我刚想起来我想告诉你的是，上周焦虑又一次发作了。

咨-14A：我很惊讶你现在才想到这个。

访-15A：我刚才……我刚才在想内尔。（停顿）反正，上周三有几
　　　　个小时我感觉真的很糟糕……不，是周四。

咨-15A：你当时在哪里？

访-16A：在我的公寓。我刚从办公室回来，正在想着晚上要做些
　　　　什么，我拿不定主意，然后就开始出汗，然后……我不
　　　　知道，我只是……只是感到很害怕，或者觉得我要生病
　　　　了，或者……我不知道……（停止说话，瘫在椅子上，
　　　　不看咨询师）

咨-16A：说下去。

访-17A：（打起精神，坐了起来）我现在不想再一次经历那种感
　　　　觉了。我的意思是，那让我筋疲力尽，我只想缩起来睡
　　　　觉。（停顿）你觉得我该怎么办？我真讨厌这种时候。

咨-17A：好的，花一分钟，喘口气……（停顿）现在看看你刚才想
　　　　到了什么？

访-18A：我不知道。（几乎在绝望地哀号）我试了一遍又一遍，想
　　　　弄清楚是什么让我感觉这么糟糕，但我就是毫无头绪。
　　　　你怎么看？

咨-18A：嗯，我注意到这是在讨论你想和内尔发生性关系的时候
　　　　出现的。

访-19A：是的，没错。（停顿，反思）但它根本说不通。我早就克
　　　　服了对性的负罪感。我告诉过你我上大学时候的事情，
　　　　我和梅兰妮有很暧昧的关系。说我因为性而感到内疚是
　　　　说不过去的。你是这个意思吧？

咨-A19：是的，但你知道吗，当你开始谈论这个话题的时候，你就感觉糟糕。

访-20A：是的，我知道。但是……但是……我怎么才能知道你说的对不对？

咨-20A：如果想到不久你就会和内尔做爱，你会想到什么？

访-21A：嗯，让我想想。我想起了她在海滩上的样子。我……嗯……我想那一定很棒，而且……

咨-21A：还有呢？

访-22A：嗯，我不知道我们会去她家还是去我家，她有没有……我是说，我不知道她有没有吃避孕药，而且……我想我的抽屉里还剩有一些安全套，还有……

咨-22A：内尔让你想到了谁？

访-23A：呃，我不……我不知道……我不知道你是指我的母亲还是我的姐姐，还是哪个不应该被提到的人，但是我没有很明确的想法。

咨-23A：嗯。

访-24A：是的。然后我……我想到了当我的姐姐们洗澡时，我打算去偷看她们。你应该记得我告诉过你。

咨-24A：嗯。

访-25A：还有……嗯，我似乎想不出还有什么别的了。

咨-25A：和我说说如果你的父母发现你偷看你姐姐洗澡，他们会怎么做？

访-26A：哦，我想他们真的会非常生气。我妈妈的穿衣风格总是那么保守……相当保守。

咨-26A：你想那样做吗？我是说，你尝试过吗？

访-27A：嗯……嗯，是的，我想是的。我不太记得了。

咨-27A：你父亲对这些事情是什么态度？

访-28A：哦，他肯定会骂我的，但也仅此而已。他不像我朋友们的父亲那样刻薄。

咨-28A：当你看到穿着比基尼的内尔时，你也有同样的感觉吗？

访-29A：是的，我想是的。我想到有时我相当孤独，我们拥抱在一起是多么美好，我多么想念有人在家里……在我的床上……我不单单是说做爱，我是说晚上和我待在一起……（他停顿了一下，吸了吸鼻子）然后……我感觉我都想要哭出来了。我知道这很傻，而且……

咨-29A：（快速打断）戴夫，和你的感觉待一会儿。

访-30A：好的……我确实感到悲伤并且有点孤独。我常常想念杰西（来访者的前妻）。不管怎样，也许内尔想来我家，而我……（他沉默不语，陷入了沉思）

咨-30A：体会一下这个感觉。当你想到内尔会来你家时，你会想到什么？

访-31A：啊！（长叹息）我现在好像想不到太多的东西。我想，这就是孤独，不是吗？我的意思是，我通常不会让自己想太多，但是……嗯，就是这样。我想我需要对内尔更自信一些，不是吗？我是说，不是用强硬的手段，只是让她知道我多想和她在一起……或者和其他人在一起。当然，我不会对她这么说，但事实就是这么回事儿。光坐在那里自怨自艾是没有用的，我得行动起来，和别人在一起，对吧？

咨-31A：听起来不错。

访-32A：你觉得这就是我感觉糟糕的原因吗？就是这种孤独，这种想要一个人更深入我的生活的感觉？

咨-32A：你有没有注意到，在谈论了你的家人对性的态度之后，你就有了这个想法？

访-33A：是，也许是这样。（停顿）我的意思是，我不确定，但似乎有些联系。可这并不是什么新发现。这个我都知道，就像你上周说的那样，我从我父母那里得到了关于性的复杂的信息……现在，自从离婚后，我一直想要与一个人一起生活……哦，讨厌，我不知道。

咨-33A：我认为你对内尔的感情，在某种程度上已经和你对家人的感情纠缠在一起了，也许尤其是对你的姐姐们……和你的妈妈。

访-34A：啊！（停顿）我不知道……我有点明白你的意思了，但是……你是说我想和她们中的一个人上床？

咨-34A：当你感到孤独时，你会想到什么？当你一个人很孤独地躺在床上时，那是什么感觉？

访-35A：我跟你说，那太难受了。实在是太难受了！（他又沉默了）

咨-35A：你还记得在其他时间也有过这种感觉吗？花一分钟，试着找找你以前也感受到的这种痛苦，是在什么时候？

以体验为中心的访谈（B）

来访者（以下简称"访"）：戴夫·斯特恩

咨询师（以下简称"咨"）：马克·吉莱斯皮

　　来访者接受每周两次的心理咨询已有五个月了。他最初的问题是焦虑和身体疲惫。这些问题出现得越来越频繁，并且相当严重，使得其建筑师的工作都受到了影响。最近这些问题出现的频率有所下降，但其强度并无降低。

今天是第 39 次咨询，对这个阶段而言，这是非常典型的一次咨询。虽然来访者戴夫对咨询的投入时好时坏，但他和咨询师马克的咨访关系稳固。

访-1B：（重重地叹了口气）嗨！很高兴来到这里。（停顿。有点犹豫地走向来访者的椅子）我在想也许我今天应该用沙发，但至少我可以先坐在椅子上。

咨-1B：嗯。

访-2B：（他靠着椅背坐着）好的……（叹气）好的……（他闭上眼睛，显然是在放松身体）我感到惊讶。今天我仍然很紧张。再给我一两分钟。

咨-2B：慢慢来。你在做着很重要的事情。（教育来访者在正式开口之前先关注自己真实的主观体验）

访-3B：我的后背有一种紧绷的感觉……后背和肩膀……（他很安静，面对自己的内心）

咨-3B：去感受它。

访-4B：（几分钟后，他坐起来一点）就是一种不安的感觉……一种想要开始做事情的渴望……我现在知道那是一个信号……来提醒我的……

咨-4B：你在倾听你内心的声音。慢慢来。

访-5B：等一下，让我更深入一点儿。（他瘫坐在椅子上，一动不动）

咨-5B：（非常温和地）这是你的时间……你的人生。

访-6B：（沉默了一分钟左右）我感到很难受，现在真的很难受。

我是说，我想要……爱一个人……也想要对方爱我。(安静地，呼吸加深)自从杰西(他的声音突然中断)……和我分手以后……老天哪！我感觉非常孤独，非常孤独。(他又沉默了)

咨-6B：(安静地)非常孤独。

访-7B：(突然翻身，坐得更直了)可恶！我以为我不会再经历这些了。这事儿永远都不会结束吗？没完没了的！

咨-7B：你想直接让它结束，是吗？

访-8B：嗯，是的，我就是想这么干！我已经为了她，还有我们的婚姻胡思乱想一年了。我真的不想……

咨-8B：(快速地)你决定再也**不**去想它。

访-9B：哦，得了吧，马克，你得承认我已经花了够多时间了……在离婚这件事情上。

咨-9B：在这个问题上，如果你不是经常表现出你还需要继续咨询，我可能会同意你的观点。

访-10B：你是什么意思？是我表现出来的？

咨-10B：一分钟前你就是这样，而现在你又换了一种方式。你自己能意识到这一点吗？

访-11B：(变得冷静)是的。那我什么时候能摆脱它的阴影？我该怎么做？要没完没了地经历这个悲惨的事情吗？

咨-11B：这个问题只有你自己能回答。

访-12B：就知道你帮不上什么忙。(一半嘲笑，一半严肃的态度)

咨-12B：这取决于你需要什么帮助。

访-13B：(苦涩地)我想让所有这些痛苦都过去，摆脱那些没有止境的遗憾。让我自己再次好起来！

咨-13B：（轻声地）摆脱正在你身上真正发生的事情。

访-14B：（表现出强烈的感觉）我把一切弄得一团糟。我搞砸了！（他停下来反思，脸上开始有表情变化）她又不是天使。又不全是我的错！她从来都不承认，她也有错。（他很安静，但内心显然很挣扎）

咨-14B：和这种感觉待在一起。你正在做你的工作。

访-15B：（声音显得生气，表情紧张）我讨厌我的"工作"。我讨厌这种感觉，内心被撕裂，为她感到内疚，又去责备她。反反复复地体会这个感觉，什么时候才能结束？

咨-15B：（重复）什么时候才能结束？

访-16B：也许我就是要经历一些遗憾，我应该接受这一点。我应该继续我的生活，而不是每隔五分钟就又想到那令我心烦的离婚。这难道不是我应该做的吗？来吧（急切地），你就直接告诉我，我能不能把这破事翻篇？

咨-16B：你似乎在尝试把这变成某种理论争辩。

访-17B：（冷静且认真地）不，当然不是。

咨-17B：你一定很害怕离婚的感觉。

访-18B：是的，我想在某种程度上是这样的。但说真的，马克，你觉得我能熬过这段痛苦的时光吗？我的意思是，肯定有一些方法能让我摆脱它，然后我可以好好地过日子，而不是一遍又一遍地再经历这些。

咨-18B：（语气平和，直视来访者）我感到你现在正试着变得理智，但我也感到，你是多么想以某种方式摆脱你内心的痛苦和悲伤。我不怪你，但我不会和你一起欺骗你。

访-19B：我就知道你会这么说。

咨-19B：这就是我的工作。

访-20B：是的，我知道。(长时间的沉默)好吧，我知道，但我讨厌痛苦。我们来看看，我刚才说到哪了？

咨-20B：更重要的问题是，你的心现在在哪儿？

访-21B：(沉默了几分钟之后)杰西，杰西，我什么时候才能忘了你？我知道我把我们的关系搞砸了，但是……我们本来可以解决的。我知道我们可以……但是你说你不想再试了。你放弃了我们……放弃了我。(他沉默了，几乎要哭出来)

咨-21B：这太痛苦了。

访-22B：(声音消沉，经历挫败后的沉默)你放弃了我，杰西。

咨-22B：(沉默，等待，在场的状态)

访-23B：(深吸一口气，然后大声地吐气)是的，杰西放弃了我，放弃了我们。让我了解这一点太难了。不知为什么，我总是告诉自己，从长远来看，我们会解决这些问题。总有一天，我们会在一起，但是……并没有……我们再也不会在一起了。可恶！可恶！可恶！

咨-23B：(专注的态度，但并没有说话)

访-24B：这太难了……很难……真的很难接受这些。我和……杰西已经结束了。结束了。我……我们在一起的梦想永远不会实现了。永远不会。

咨-24B：永远不会。

访-25B：(长叹一口气)永远不会。

咨-25B：(静静地，等待着)

访-26B：(他沉默了几分钟，面无表情，身体耷拉着，眼睛什么

也没看。最后他动了动，说话了）我没有意识到我多么
希望有一天我们还能在一起，有一天我们会破镜重圆，
有一天……（他的声音渐渐消失）

咨-26B：有一天……

访-27B：我不想放弃这个希望，但现在说什么都晚了。已经结束
了。完了。

咨-27B：（重复）现在是太晚了。

访-28B：是的。（他沉默了，眼泪从眼角涌出。他没有尝试擦干
泪水。最后，他重重地叹了口气）是的。现在太迟了。
是的。如果我放弃这个希望……过去我一直抱着它。你
知道吗？（他没有在等待回答）你知道我一直抱着这个
希望吗？我之前都不知道。但我确实是！我紧紧抱着这
个希望，仿佛这样会让它实现一样！

咨-28B：（轻声地，但坚定地）你抱着它，抱着这个希望。

访-29B：是的。我抱着这个希望。现在，我紧紧抓住它，但我知
道我必须放手……这真让我害怕！

咨-29B：真的让你害怕……

访-30B：（沉默，非常深入内心地）嗯。（他慢慢地、深深地吸了
一口气）是的，这让我害怕，但是……但是在恐惧背
后，我也有其他的感觉。（再次沉默，开始坐起来，但
接着又叹了口气，身体沉了下去）害怕，但……但这只
是其他感觉里的一小部分……其他感觉像是兴奋……或
者期待……或者……

咨-30B：（轻声但急切地）慢慢来……慢慢来……你正在做你的
工作。（停顿）你现在感受到的，是你长久以来一直回
避的东西。

第 2 章 ————

阐明此时此刻的意义

心理咨询需要聚焦来访者的体验

　　从本质上讲，心理咨询是一种对待人的态度。它对心理健康和心理痛苦的本质有着或明确或隐藏的看法，也具有某种程度的可变性。

　　我在此呈现的关于人类潜能的看法总体上是乐观的。但同时，我也坚持认为，自我发现和从心理痛苦或精神痛苦中进行自我解救的"工作"是费时和费力的，并且最终只能由来访者本人来完成。

　　这并不是在贬低咨询师的重要性，而是在客观地看待心理咨询这个工作。

长久以来，人类的经验基本上不是从宗教层面来理解，就是从道德层面来理解，或两者皆有。尽管其中一方会占据主导地位，但两者往往同时存在。宗教强调精神的和其他世俗的影响；道德则坚持人与生俱来的、使人区别于动物的伦理和行为规范。

弗洛伊德是鼓吹对人性观进行革新的最著名的代表。他采用了 18、19 世纪新兴的、蓬勃发展的自然科学方法，提出了一种严格的历史因果关系原则，以便使主观内容变得"客观化"，于是有了"纯科学"的治疗方法。在本世纪（现在即将结束⊖）的大部分时间里，这种观点一直占据主导地位。在减轻心理痛苦的各种方法中，它的主导地位尤为突出。

然而，从第二次世界大战开始，越来越多的声音开始强调这种机械论的方法是不完整的和扭曲的。存在主义哲学和人本主义心理学是其中的两股力量，它们彼此联系。目前心理咨询工作的现状，正是得益于这令人耳目一新的转变。

存在主义运动最初强调在冷漠的世界里每个个体是孤立的，认为人类的经验是无法解释的，并强调选择的自由和为自己行为的后果负责。⊜这在一定程度上起源于第二次世界大战后欧洲大陆上普遍的幻想破灭。

当存在主义观点传到美国时，它与这个国家更为传统的人本主义观点相结合。在这种结合的过程当中，罗洛·梅⊜起着至关重要的作用，降低了存在主义最初传递出的悲观情绪。作为一名精神分析学家和心理咨询师，罗洛·梅提出一种更乐观、更健康的观点，这种观点现在被称为"存在–人本主义取向"，这也是本书的观点。

⊖　本书英文原版于 1999 年出版。——译者注

⊜　见 A. H. Soukhanov (1992), p.642。

⊜　特别关注罗洛·梅（R. May）于 1958 年写的《存在：精神病学和心理学的新方向》（*Existence: A New Dimension in Psychiatry and Psychology*）。

什么是来访者或病人？

很明显，就是一个人。一个正具有某种需要的人。一个寻求帮助的人。到目前为止，都还说得通。但是……

什么是寻求帮助的人？

进入我办公室的身体。一个感知、认知和听说系统，在此时此刻，这个系统让这个人坐下来并进行自我介绍。

仅仅是一个感知、认知和听说系统吗？

不。也是一种对房间里发生的事情的主动和主观的接收、处理和反应。

这已经是全部了吗？

不，还有对过去已经发生的和将来可能发生的事情的想法、内心感受和意图判断。

这是全部了吗？

不，很可能不是。但对我们着手工作来说，这已经足够并绰绰有余了。

"着手工作"是什么工作？[⊖]以上哪些内容将被涉及？"以上所有这些。"这个答案太过于仓促和不完整了。它回避了所有人、每一个人生活的复杂性和广泛性，因此这样的答案对我们来说几乎没有帮助。我们要做的，是为首要工作选出相关要素，对其余部分减少关注但保持觉察。

⊖ 我经常在本书中以及与来访者的实际交流中使用"工作"（work）一词。这是我对心理咨询基本观点的一种表达。把我们的咨询过程中发生的事情称为"工作"，是对来访者和咨访关系所做的适当的、费力的和富有成效的事情的一种尊重方式。

改变咨询师视角的建议

人们最熟悉的心理治疗原理可以被概括，甚至简化为以下几个方面。

发展良好的咨访关系可以为咨访双方提供重新审视来访者的生活历史和生活假设的机会，从而发现哪里出现了适应不良的方式。然后，这些信息被审慎呈现给来访者，其目的不是宽慰来访者，就是提升来访者的生活满意度，或者使两者同时发生。

这个过程主要通过咨询师收集来访者过去和现在的生活信息，同时通过观察来访者在咨询室里不知不觉展现出的在现实世界的存在方式来完成。

咨询师的经验更丰富，接受过更多的教育和培训，才可以把注意力从来访者的日常紧急事件[○]中转移，去识别对来访者不利的或有害的模式，并用规范而敏锐的方法帮助来访者看到这些模式。因此，咨询效果的推动，是由咨询师小心筛选并在恰当时机传递给来访者的这些信息来完成的。

在更简化的情况下，我们可以进一步将这一过程总结为：咨询师收集、处理信息，并将信息有选择地反馈给来访者。当然，在这个过程中，来访者是一个积极的参与者和合作伙伴。但关键因素是咨询师处理来访者信息（包括来访者从其他环境带到咨询室的移情性假设的线索）的智慧和技巧。

在收集、处理和反馈信息的过程中，敏感而熟练的咨询师会同时关注**内容（content）**和**过程（process）**。这可以用简单的示意图来表示：

_____

○　通常指来访者来寻求咨询时，那些<u>最</u>急于解决的事情和问题。——译者注

我自己的临床实践[一]，以及我多年的训练、督导和为很多心理咨询师做顾问的经历告诉我，另一个颇具治疗潜力的维度还未能成为我们直接关注的焦点，那就是**来访者在此时此刻的体验**。

当然，许多经验丰富、卓有成效的心理咨询师会关注并向来访者反馈与信息一并出现的、明显的体验。这种做法提供了与对话内容（可能关于过去、现在或未来）相对独立的又一维度。

咨询师这样的干预（比如除了对话的内容，提醒来访者注意他们参与咨询的方式是什么样的）通常是反馈过程的一部分。许多咨询师认为这有助于来访者进行更多的自我探索和自我暴露。

但我在此提出的方案是不同的：咨询师要把主要的注意力从关注来访者所呈现的**信息**，转移到来访者**在此时此刻实际发生的体验**上。

这种转移的目的是增强和扩展来访者的主观活动和随之产生的觉知。当主体性因此被带入意识中时，来访者内在活动的广度和精度就会有所提升。反过来，这种提升也有助于来访者发现其"弄巧成拙"的行为方式，从而释放他们创造性或自我治愈的潜力。[二]

这个新方案需要咨询师对心理咨询的关注点进行重大调整，也需要在上一张示意图中增加一个我认为很有力量的维度：

[一] 现在已经不再进行了。
[二] 第 4 章和第 8 章进一步描述了这些进程。

咨询师的关注点：此时此刻

咨询室里真正发生的、可被咨询工作直接（几乎看得见摸得着）使用的是当下（即此时此刻），是来访者与咨询师在眼下这一刻中的存在。他们之间的工作必须以正在实际**发生的**内容为中心，而不是过去发生了什么或将来可能怎么样。当然，我们都有对过去和未来的想法和感受，但重要的是，这些想法和感受是关于过去的，但它们就发生在真真切切的当下。举个例子：

> 来访者：我高中的时候，是一个很理想主义的人。
> 咨询师 A：具体是怎样的理想主义呢？
> 咨询师 B：现在呢？

很多咨询师有时会像咨询师 B 那样回复，以便了解更多关于来访者现在的信息，这当然能在内容层面上做更多工作。但是，即便使用了现在进行时，那可能也不是真正的当下，咨询师 B 的回应仍然不是关于此时此刻。而咨询师 C 的回应是：

> **咨询师 C：你正在和你的"高中生活"约会。**

咨询师 D 的回应是：

> **咨询师 D：当你这么说时，你好像在一个很远的地方。**

很明显，从关注此时此刻的视角○来看，真正发生的是整件事从当下被推开和推远了。当这名来访者开口讲述时，正在她身上发生的，既不是理

○　见第 5 章。

想主义也不是高中生活。

　　　　这是关注此时此刻的关键，而它常常被误解为：我们需要关
注别人说了什么，而不去注意他们如何说、何时说。

　　比起话语，咨询师更需要倾听"音乐"，这一告诫并不只针对心理咨
询。大多数人都在不同程度上学会关注讲话的人，而不只是讲话的内容。
油嘴滑舌的销售人员如果太用力推销或不够敏感，可能会搞砸自己的生
意；心事重重的读者给出的含糊而驴唇不对马嘴的回应则是"音乐"和话
语不符合的常见例子。

　　我们沮丧地发现，浮于表面和流于套路的谈话往往是为了满足说话者
的需要，而不是为了尊重听者。

　　总的来说，心理咨询在传统上关注过去、因果关系或症状（被认为是
来访者个人成长史的重要结果）。因此，很有可能在咨询师主要关注过去
的同时，来访者正在关注未来，希望未来会更好。与此同时，咨访双方都
认为现在不重要。

　　我的目的是让咨访双方关注一个经常被忽视或低估的心理咨询工作角
度，即此时此刻在这个房间里，在这个人身上正在发生什么。但这常常被
人们当成鸡毛蒜皮的事，关注它就是在小题大做，以至于当下被认为是理
所应当的，只得到人们投过来的匆匆一瞥。

　　当我们开始倾听此时此刻时，就会发现一个惊人的事实：即使尽最大
的努力，我们也常常会迷失在谈话的内容中，而忽视了当下发生的、鲜活
的但隐含的内容。

　　　　来访者：杰西的离开还是让我感觉非常难过，我知道现在还

有这个感觉太傻了。我已经伤感够了，看在上帝的分上，为什么我就不能想开呢？

　　咨询师 A：你还是很想她。

　　咨询师 B：（共情地）还是非常的难过。

　　咨询师 C：她离开你多久了？

　　咨询师 D：你的不同情感正在干仗，不耐烦在攻击着悲伤。

　　咨询师 A 关注的是不快乐的情绪，它常常引起咨询师的注意。咨询师 B 也做了类似的事情，只是用更少的词语去鼓励情感的深入。也许是出于来访者的矛盾心理，咨询师 C 可能通过收集信息的方式来评估来访者的恼怒是否合理。

　　咨询师 D 意识到房间里最在场的内容：伤感和对伤感的不耐烦仍然给来访者带来很大的影响。

　　我认为，对此时此刻的忽视，阻碍和限制了许多心理咨询工作效果的发挥。正如这里谈到的，以真实的此时此刻为中心的视角，在很多情况下都可以为更有效的心理咨询提供一个新鲜和有力的基础。在咨询过程中，如果咨询师将关注点和着力点放在强调和促进来访者对此时此刻体验的充分觉察上，咨询将会卓有成效。

　　我的建议是重新调整咨询师的关注点，由此来访者觉察的方向也得以改变。不管咨访双方探讨的是什么内容（个人史、长远打算、个人价值观、情感上的痛苦，或是当前的生活问题），如果加入了来访者此时此刻的体验，那么这些内容都将会深化来访者的内在探索，激发其渴求改变的潜力。

题外话

　　提出这样的建议，并不表示我主张放弃内容的维度，忽视来访者的个人史，或类似地偏离常用的心理疗法。相反，我提供了一个补充或替代方案，它可以为心理咨询工作带来创新和助益。

不过坦率地讲，我自己的经验是，一旦来访者和咨询师真正觉察到此时此刻，就会发生如下变化：

❋ 此时此刻的参与度增加。

❋ 对当下生命体验的关注增加。

❋ 越来越多地能够意识到，在心理层面上，那些不在此时此刻的东西与自己的内心保持着距离。

❋ 咨询师变得更少具有侵入性，他们更像是来访者承担更多自我工作和自我探索的见证者。

❋ 来访者的自我－世界建构系统和来访者在现实生活中的情绪状态出现意想不到的改变。

简而言之，敏锐关注此时此刻发生的内容，将更加成为心理咨询工作的核心。

当然，关注来访者此时此刻的体验并不是本书的独创。高效率的咨询师经常会关注来访者此时此刻的状态和情感变化。我们可能不太熟悉的是这种信念：当来访者此时此刻的体验（**当下的内隐层面的体验**，而不是外显的**内容层面**的体验）成为咨询师关注和工作的主要领域时，咨询过程将变得更加有效，咨询效果将会更加持久。

发展和追求这样的信念为我们提供了一个新的视角，为心理咨询工作和来访者的整体生活状态注入活力。

强调当下的基本原理

显而易见，这个方法最重要的目标是增强来访者本人在此时此刻的主体性觉察。这与对来访者和咨询师来说都更习以为常的、对来访者及其历史信息进行收集和选择的目标形成鲜明对比。

大多数来访者（实际上是我们大多数人：来访者、咨询师和大众）的主要自我觉察方式是把自我当作观察、指导、反思、计划或回忆的物体。在某些情况下，这样做是必要的而且很有用。然而，当我们试图让心理咨询给我们的生活带来更多的满足感和更少的挫败感时，用这样的方式了解一个人的自我是不够的。

对于我们自身是生活的主体以及我们在当下的存在状态，我们的觉察是很有限的。因此，我们很可能把自己当成要管理的物体，这样"它们"才能如己所愿（而不是如其所是）。这样一来，就变成了我们（作为动作主体）在对我们（作为动作对象）做着一些什么。这种分裂从根本上来说是不利于治疗的。

但是我作为心理咨询师和作为其他咨询师的督导或顾问的经验，使我坚信人类事业的一个重要真理：**对此时此刻的觉察的增加，会提高自我指导的效率，提高生活满意度。**○

心理咨询以唤起和增强来访者的自我了解和自我指导为目标，至少在隐性层面上是这样的。我们的来访者经常表现为他们好像只是被自己不知道的或无法控制的力量所影响的物体。关注当下的心理咨询试图唤醒来访者沉睡的主观意识，并培养来访者形成逐渐增强的自我选择意识。

当来访者和咨询师对来访者、特别是不在此时此地的来访者进行**谈论**时，他们就是在确认**"来访者是一个物体"**。当来访者学会觉察到自己此时此刻的存在，同时觉察到咨询师帮助来访者并鼓励来访者的这一做法

○　有很多人也是这样认为的，请参考 Chaudhuri（1956）、Hillman（1995）、Smith，H.（1982）、Walsh，R.N.（1976）。

时，"**来访者是一个人**"的感觉就被唤起了。这有时会被认为是"赋能"，但我认为这个表述失之偏颇，因为我们不能把能力真的给别人。"来访者是一个人"的感觉，是（或者会变成）来访者对当下自我存在的觉察，因此来访者便获得了自我的力量，而这种力量其实一直就在来访者身上潜伏着。

若在心理学的语境中去理解，力量（power）通常意味着按照某个人的意愿做出改变的能力。[⊖]显然，有效地使用这种力量需要有自我了解并且要在每一个当下去应用这种自我了解。增强来访者与自己的意愿和体验（无论是显性的还是隐性的）相协调的心理咨询疗法，将提高来访者的整体性，并因此有助于提升来访者的力量感。

咨询师的作用

这种治疗视角的核心观点是，当咨询师准确地辨认出来访者意识中的**在每个当下隐含出现但未被注意到的东西时**，咨询师就帮助来访者进入到其主体性世界。当然，仅仅提供这种辨认是不可取或不可行的，但当来访者准备好接受时，咨询师敏锐地提供这种辨认会给来访者带来很多益处。

前面陈述的关键词是"辨认"（identifies）。它与"建议"（suggests）或"指导"（instructs）形成对比。**辨认**在这里的意思是把光线照射到某个已经在那里的、正等着被识别的东西上。很明显，这需要直觉、敏感性，并且需要放下自己已有的打算。我们大多数人都需要大量的练习和训练，才能实现这种注意力的转移，而这种干预模式的技巧甚至需要更多的耐心和努力。

⊖ 见 J. Hillman (1995)。

我在上面说到了"隐含出现但未被注意到的"。将这样的观察结果反馈给来访者，那么需要咨询师小心处理并把握好分寸。表达的变化可以从**澄清**（"你听起来像在一个很远的地方"）到**反映**（"你老是发现自己会有这种想法"），再到基于来访者频繁出现的模式而做出的**解释**（"又一次地，当你在目前的生活中面对一个艰难的选择时，你会发现你的念头又回到你妈妈那里"）。

只有在充分地、反复地实践每一个步骤之后，再把重点移向下一个步骤时，上面的这三个步骤才有效。因此，在一段时间内，咨询工作可能集中在简单的澄清和辨认上，直到来访者开始独立地进行这样的观察。[⊖]

然后，这个步骤会继续进行，但会扩展到对重复模式的反映——最好一次只关注一两个模式，直到这些模式对来访者来说也变得显而易见。这时，我们通常会再转移到其他模式上。而且，当第一次努力取得成功时，之后的工作都会容易得多。现在，这两种形式的辨认——澄清和反映依然继续，但咨询师会开始揭示持续出现的模式及其含义。

只有当咨询师保持了足够的耐心、当咨询师所干预的时机精准的同时来访者也能立即识别咨询师的干预时，以及当来访者意识到咨询师所做的不是为了发现来访者的错误或给来访者予指导，[⊜]而是为了给来访者提供帮助时，以上步骤才会生效。

两个访谈对比

为了进一步说明通常的工作方式和关注此时此刻的咨询方法的区别，

⊖　"一段时间"在这里可能是六次或八次咨询，或者二三年。
⊜　第 8 章会详述这些方法，并描述了如何与那些继续以适得其反的方式的、想去听取咨询师意见的来访者一起工作。

我在这里展示两个虚构的案例片段。第一个片段是较为典型的心理咨询的首次访谈。

以信息为中心的访谈（2）
来访者（以下简称"访"）：贝蒂·布莱克
咨询师（以下简称"咨"）：简·诺曼

十天前，贝蒂打电话预约，说她考虑做心理咨询已经"很久"了，现在她准备"开始"。今天的咨询已经安排好了。她准时赶到，进入咨询室，欣然地坐到了来访者的椅子上。现在她稍微拘谨地坐着，皮包放在身旁，双手交叉放在膝盖上，期待地看着咨询师。

咨-1A：你在电话里说你考虑做心理咨询已经有一段时间，最后才决定现在开始。你能告诉我，你的问题是什么吗？（咨询师引导来访者关注过去，尽管问题是用现在时态提出的）

访-1A：嗯，你看，我总是忧心忡忡的，至少我丈夫是这么说我的。然后我……我想他说的对。对我来说，似乎很难放松和顺其自然。我的朋友芭芭拉看起来总是无忧无虑的，有时我觉得她很幸运，并且有时……（来访者从客观角度对自己进行描述，甚至引用其他人——她丈夫的话。在她使用和另一个人进行对比的形式来描绘自己的存在方式时，她的自我物化显得更突出了）

咨-2A：你希望自己有时候能更像芭芭拉，是吗？那是在什么时候？（"有时候"和"什么时候"把谈话推到抽象的层次）

访-2A：我不确定……我想更多的是在当我和不太熟悉的人打交道时……至少我现在第一时间想到这个。（贝蒂第一次提

到当下，但用了以一种忽视当下的重要性的态度）

咨-3A：什么样的人呢？

访-3A：比如在商店，或者……哦，我想起一个很好的例子：当修车店的人没把活儿干好时，我很痛苦，不知道该怎么向他们开口。（贝蒂找到了一个具体事例，但讲的却是过去的事。她在当下成功找到例子的满足感被忽略了）

从这里开始，我将只对特别的例子进行注释，或者指出其他更加当下的、此时此刻的回应方式。

咨-4A：所以你是怎么做的？

访-4A：（感觉尴尬）我最终让我老公帮我开了口。（她苦笑了一下）

咨-5A：你经常让他为你做这类事情吗？（贝蒂的尴尬感是明显的，是发生在当下的，意识到这点本来会有帮助。"谈论这件事让你感觉尴尬"或"你说这件事的时候似乎很不自在"将会使咨询工作集中在当下）

访-5A：嗯，没有……（停下来，思考中）嗯，是的，至少有时候是这样。（停顿）你觉得我太依赖他了吗？哦，这不是一个好问题，对吧？你还不了解我。

咨-6A：是的，但我正在开始了解。你还想让我了解你什么？

访-6A：哦……我……我是个非常认真负责的人。我会说这是我其中的一个优点。几乎每个认识我的人都这么说。

咨-7A：嗯。（如果咨询师更关注当下，他会回应"你对自己的这个品质感到满意，是吗"或"你谈到自己的可靠时的感觉，和你谈到对丈夫的依赖时的感觉很不一样"）

访-7A：这点我像我父亲。父亲经常说他自己言而有信。

咨-8A：他还健在吗？

访-8A：不，他两年前就去世了。

咨-9A：你和他亲近吗？

访-9A：嗯，是的。我的意思是，他有点内向，不是很容易和他亲近……但我想在我们的内心深处……我不确定。（如果咨询师说"现在你还是不太确定这一点"，那么咨询师提出犹豫的话题会比把话题限定在父亲上要好，因为咨询师几乎不了解来访者还未说的内容）

咨-10A：你和妈妈亲近吗？

访-10A：哦，是的！我们……非常亲近。她还在，身体真的很好……对一个七十多岁的人来说。（咨询师可能有一个清晰的观察："现在你感觉没有不确定的东西了，对吗？"）

咨-11A：你有兄弟姐妹吗？

访-11A：一个姐姐。她比我大十岁……

咨-12A：你们的关系怎么样？

访-12A：哦，关系还好。（停顿）她比我大很多，所以不是……（"你没说完这句话。"）

咨-13A：所以只有你们两个？你希望有更多的兄弟姐妹吗？

访-13A：更多的兄弟姐妹？（咨询师忙于收集背景信息，似乎在很大程度上忽视了来访者的主观反应）

咨-14A：是的。

访-14A：嗯，我不知道。没怎么想过这一点。

咨-15A：在你成长的过程中，有其他家庭成员和你在一起吗，比如堂兄弟姐妹、叔叔阿姨或祖父母？

访-15A：哦，当然了。在我上大学之前，我的姥姥姥爷一直住在
　　　　我家附近，我几乎每周都见到他们。

咨-16A：你喜欢这样吗？你和他们亲近吗？（这看起来和"钓鱼
　　　　执法"差不多。到目前为止，来访者提供的内容中还没
　　　　有明显的线索可以让咨询师跟进）

访-16A：哦，是的。我认为他们非常好，特别是在我小的时候。
　　　　他们总给我小礼物或带我出去玩……比如看马戏或儿童
　　　　表演。（她的声音中饱含伤感之情）

咨-17A：他们都还健在吗？

访-17A：不，都已经不在了。我姥姥三年前才去世。我想念她。
　　　　（咨询师需要注意，不管来访的这种感觉是明显的还是
　　　　只是简单地提及，现在对来访者说什么都还为时过早）

咨-18A：在她去世前，你能经常见到她吗？

访-18A：基本见不到。她年纪很大了，而我又忙着上学，后来又
　　　　去工作……你知道事情就是这样的。（"谈到这里，你现
　　　　在感觉怎样？"）

咨-19A：是的。那其他亲戚呢？

访-19A：哦，在蒙大拿州我有几个远房表亲，但我只见过他们一
　　　　次，而且那是很多年前的事了，那时我才十岁或十一岁。

咨-20A：你小时候有很多朋友吗？

访-20A：哦，是的，很多。我有点像个假小子，所以男孩女
　　　　孩的朋友我都有。高中时，我和两个女孩关系很好，
　　　　然后……

咨-21A：然后？（"你想到这两个女孩时突然停住了。"）

访-21A：然后我和罗格的关系开始稳定下来。当然，在那之后，我的生活中也没有其他什么人。

下面的片段是为了说明如果更多地强调来访者在当下的体验，同样的一节咨询可能会怎样进行。

以体验为中心的访谈（2）
来访者（以下简称"访"）：贝蒂·布莱克
咨询师（以下简称"咨"）：简·诺曼

十天前，贝蒂打电话预约，说她考虑做心理咨询已经"很久"了，现在她准备"开始"。今天的咨询已经安排好了。她准时赶到，进入咨询室，欣然地坐到了来访者的椅子上。现在她稍微拘谨地坐着，皮包放在身旁，双手交叉放在膝盖上，期待地看着咨询师。

咨-1B：你在电话里说你考虑做心理咨询已经有一段时间，最后才决定现在开始。你能说一下现在来到这里的感觉怎么样吗？

访-1B：哦，不错。（停顿）我的意思是说……没什么问题。（长长地犹豫）我猜你想知道我为什么来这里，对吧？（她快速地看了咨询师一眼，但马上说了一句显然是事先准备好的话）嗯，你看，呃，我总是忧心忡忡的……至少我丈夫是这么说我的。然后我……我想他说的对。对我来说，似乎很难放松和顺其自然。我的朋友芭芭拉看起来总是无忧无虑的，有时我觉得她很幸运，并且有时……（她没有注意到问题是关于"现在"的；相反，她匆忙地摆出一个可能在她来之前就已经准备好的问题）

咨-2B：有时？

访-2B：有时……哦，我不知道。(停下来，短暂地思考) 我想，我觉得她有时太随性了，但是……

咨-3B：你好像在和自己进行辩论。

访-3B：是的。我就是这样子……总是这样。我搞不清楚我在想什么……嗯，几乎在所有的事情上。(停顿) 你能不能……你可以……嗯，我知道你不能替我解决它，但你能帮我吗？

咨-4B：这是我们可以一起去工作的问题。

访-4B：(点点头，低下了头，思考着) 啊。我意思是，是的。我是说，我喜欢你这么说，我们一起工作。

咨-5B：嗯哼。

访-5B：好吧，我希望变得更……更随意一些，我猜可以这么说。

咨-6B：我明白了。(她用期待的眼光等待着)

访-6B：是的……好吧，我想……我是说，我很高兴你会帮我。

咨-7B：不用一个人去面对它，对你来说好像会不一样。

访-7B：不。嗯，是的……我想是这样的……我是说在某种程度上……(不确定地，显然对这样说感到困扰) (来访者听到咨询师正以一种她没有预料到的方式回应，那就是谈论她在此时此刻的感受，而不是谈论她的问题或她的成长史。咨询师需要认识到，此时此刻贝蒂可能会感觉孤单，因为她隐藏着的、希望被咨询师理解的需求只换来了咨询师很少的明确回应)

咨-8B：把这些话都说出来是一种新的体验，不是吗，贝蒂？看起来此刻你很难找到想说的话。(停顿) 不要逼自己，只要把你想到的、能说的东西说出来就行。

访-8B：哦。(感激地)是的。是的，我只是……(停下来，很快地吸了一口气)嗯，我以为也许你会想问我一些问题或其他事情……

咨-9B：嗯哼。(理解地)不，现在没有。你做得很好。你刚刚告诉我一件发生在你身上的事——你想知道我是否有问题要问你。除了这个，你能告诉我现在你的内心发生的其他事情吗？

访-9B：(她停顿了一分钟，沉思中)我从来没有想过这个问题。我是说，那些小事……当我们开始思考时，却对它们没有觉知。

咨-10B：我明白了。(期待地)那现在呢？

访-10B：嗯，我不知道……我是说，我只是在想我该说些什么来帮你……不是"帮"你，而是……

咨-11B：我听到了你很想去做别人期望你做的事。但是，贝蒂，我们在这里做的事情有点不同，而你已经做得很不错了。对我们大多数人来说，面对我们的内心过程，然后把它跟我们还不熟悉的人分享是很难的。你已经开始明白了，但开头并不容易。

访-11B：(她沉默，沉思。然后，她似乎有点突然地回想起自己身在何处)哦！抱歉。我想我刚刚跑题了。现在我们看看，我说到哪了？(她聚精会神地皱着眉头，眯着眼睛)(和许多来访者一样，贝蒂并不真的理解要求她去做的事情。她陷入了内心的困惑。但她没有意识到，咨询师揭露这种困惑本身可能是恰当的，也是有用的。咨询师

需要进行很多次教学性的干预，她才能轻松地分享这些
内心自发的过程）

咨-12B：（打断）等等，贝蒂，这是我解释一些重要事情的机会。
正如你所说的，你"跑题了"，但在另一方面，你恰恰
在正题上。在你的内心深处突然出现一些意想不到的东
西，这些东西对你很重要，但通常我们并不会意识到它
们，所以我们工作时就无法使用它们。当你发现这种情
况发生时，仔细倾听，然后尽可能多地告诉我。

访-12B：哦，我不知道这个。（她停顿了一下）不管怎样，我认
为它不是很重要。事实上，我现在几乎不记得那是什么
了。是关于我姐姐的什么事，但我不确定。我要不要
试着回忆一下，找出那是什么？（像大多数的新来访者
那样，贝蒂并不真正清楚信任内心的自发过程是什么意
思，所以她开始试图搞明白需要做些什么）

咨-13B：不用。你找出来的和它们自己跑出来的不会是同一个东
西。没关系，重要的东西会再回来的，我们只需要等它
再次出现。

访-13B：（显然是不确定的，并试图去学习刚被教的内容）好
吧……我想我明白你的意思了。我只是好奇而已。我是
说，我好奇什么分散了我的注意力，但是，由于某种原
因，我现在不记得了。

咨-14B：很难放手让它走，对吧？

访-14B：（反思中）是的……我的意思是，我有点能想起来那是
什么……它好像很重要。（她突然面露喜色，热切地看
着咨询师）也许这跟我姐姐和她总是纠正我有关。我记

得我们曾经讨论过她。

咨-15B：嗯哼。(咨询师选择不去指出来访者有可能正觉得咨询师正做着和自己的姐姐明显类似的事情，即姐姐"总是纠正"贝蒂。谈这些还会有其他机会。现在重要的是，帮助贝蒂学会珍惜和分享她自发的内在体验)

访-15B：是的！就是这样。我差不多就能确定。

咨-16B：你很高兴你弄明白了。

访-16B：是的！我不喜欢当糊涂虫，搞不懂自己在想什么。

咨-17B："糊涂虫"？

访-17B：是的。我姐姐有时就这么叫我。她不是有意要伤害我，只是在开玩笑。她喜欢取笑我，而我……

咨-18B：你？

访-18B：我……嗯，有时候……有时很难接受她只是在"闹着玩"。如果我抱怨姐姐对我的取笑，我妈妈就会那样说。(停顿)那感觉并不像是在闹着玩，但我想是我太敏感了。我一遍又一遍听到"不要这么敏感……别往心里去……别当个爱哭鬼"。

咨-19B：(点头，专注地听着，但没有说话)

访-19B：哦，我不知道。

咨-20B：有时候你觉得……(保持开放)

访-20B：**我就是忍不住。(抗议的口吻)**

咨-21B：**我知道这有多不公平。**

访-21B：是的……这不公平！

咨-22B：你不喜欢被那样取笑。

访-22B：是的，我不喜欢。(烦躁地)我……我被搞糊涂了。我不想在这里浪费任何时间，但我仍然不是很确定你想要什么。

咨-23B：（共情地）这让你现在感到不安，是吗？

访-23B：是的……对，的确是。

咨-24B：我可能会帮助你发现更多你内在的东西，而不是你已经熟悉的东西。

访-24B：是的，嗯……我想是的。

咨-25B：所以这当然会让你感到意外。

访-25B：我想是这样。这看起来很简单，但是……

咨-26B：嗯？

访-26B：我想我只是口无遮拦。我真的应该说话前多想想。

咨-27B：不知是什么原因，你现在正在挑自己的毛病。

访-27B：（吓了一跳）是的，我不知道我为什么这么做。我想我是有点尴尬。（她的表情向咨询师表达出无声的请求）

咨-28B：我理解，贝蒂。和刚认识的人用这种方式交谈是一种全新的体验。

访-28B：（感激地）是的。（她很安静，沉思了一会儿）我不知道现在该说什么。你觉得我应该说些什么？

咨-29B：当你沉默的时候，就像一分钟前那样，贝蒂，你很可能还在做你的工作。（停顿）现在你发现了，我们都发现了，刚开始你很难告诉别人你内心的想法。

访-29B：哦，我不知道……我没想什么重要的事。我的意思是……我只是在"反刍"（ruminating），我猜你会这么叫它。（对大多数人来说，贝蒂正在学习一门很难的课程：我们内心世界发生的事情是重要的，尤其是在心理咨询

当中。她仍然在贬低自己的这种内在过程）

咨-30B：我知道这是一种我们通常不会与任何人分享的想法，部分原因是它只是一种"反刍"，就像你说的。但是，如果可以的话，试着说一说。你看，贝蒂，这是你可以和我分享的最重要的一些想法。

访-30B：它有点让人尴尬。

咨-31B：是的，我明白，贝蒂。在某种程度上，这就像在医生的办公室里脱掉衣服一样。在这里，需要脱下的不是衣服，而是要放下那些我们在思考一些重要事情时，使我们变得孤独的社会压力。

访-31B：我从来没有这样想过，但是……当你这么讲的时候，它挺说得通。但是……但我不知道我是否能做到。

咨-32B：似乎是这样的。你不知道说出内心的想法会怎么样。当你尝试一段时间后，这会更容易。

访-32B：是的，我想是这样。（有些抽离）

咨-33B：你不明白为什么这很重要，是吗？

访-33B：（眼睛低垂，噘着嘴）是的，我想是的。（停顿，眼睛向上看）我不知道你为什么把我的想法看得这么重要。这大部分都是在浪费时间。（她看起来不开心）

咨-34B：不，贝蒂，这不是在浪费时间。（同情的语气，短暂地停顿）你能告诉我更多你现在的感觉吗？

访-34B：我有点困惑，并且……

咨-35B：并且……

访-35B：嗯，我知道你在尝试帮我，但是……但我看不出这怎么能够帮助到我。（她的眼睛是模糊的）啊，该死！我不想哭，不想浪费更多时间。

咨-36B：你太不重视自己的感情了！你感觉一下，贝蒂。它对我
们将要一起做的工作很重要。刚才你遇到了一些对你有
情感意义的事情。我们现在还不知道那是什么。但是我
们会给它做个标记，当我们可以选择进一步探索它时，
它也许会再次出现。(咨询师反复地把慰藉和对她们将
来一起做的工作的建议结合在一起。贝蒂显然正经历着
一些情感上的压力，所以现在可能不是进一步施压的
时候)

当然，以上简略的访谈片段是为了突出两种咨询方式的不同，两者都
不是为了展现理想的咨询方式，其中的关键是第二个片段中的咨询师对时
间的不同关注。当第一个片段中的咨询师收集贝蒂和她的生活及背景信息
时，第二个片段中的咨询师辨认并提醒她在当下的存在方式。在后文中，
我将对这种重要差异的其他方面做出说明。

心理咨询如同探索奥秘

心理咨询是探索一个人的本质的奥秘的冒险。这个奥秘可以通过生命
的许多方面表现出来：时间、人际关系、事件、抱负、失望，等等。其
范围之广、变化之多，使得一个人几乎不能完全了解另一个人。治疗伙伴
(其中咨询师通常是很有意识的一方)必须选择要考虑的内容，将双方无法
在咨询中共同关注的部分搁置一旁。

我的目的是让大家注意到当下的价值，并将关注点优先放在来访者在
咨询室的此时此刻的状态和表现出的生活面向上。

再论当下

当然，咨访双方可能会谈论过去、未来或假设，但根本的问题是，这种谈论是否在表达**当下主观存在的东西**。在许多咨询方法中，这一要素通常不会被关注。在本书介绍的这个咨询方法中，它是最重要的。

不管是在咨询室内还是在咨询室外，我们大多数的经验都是在探求外在世界，并且由客观引导，就像我此刻在考虑我想表达的想法一样。而作为读者的你，很可能此刻正在思考我写下的文字所表达的意思，思考它如何和你自己的体验取得一致。对来访者和咨询师双方来说，转为关注自己的内在过程通常都是困难的。因此，就在此时此刻，当我检视我的文字，以及当你阅读它们时，我们都需要有意识地努力暂停一下，转向内心，看看那里现在正在发生着什么。当然，我们要记得这个建议也许会引发我们短暂的恼怒，因为它会打断我们流畅的写作或阅读，我们很可能会急于回到熟悉的阅读或书写某个对象的状态。

无论这种恼怒持续的时间多么短暂，都表明把我们从熟悉的，通常也是更舒服的状态，从日常意识的超然状态中拉出来到当下，这需要付出怎样的努力。但那短暂恼人的、把我们打断的"哔哔声"提示着我们，用客观化的方式来处理内在过程，我们会损失什么。这是我们熟悉的损失，也是我们的文化非常鼓励的。我们被教导保持"客观"的优点，即把我们自己变成"物体"的优点。这样做的后果是多方面的，其中最重要的是我们的自我认知被扭曲了，而这个认知是用来指导我们的生活的。

要清楚：这不是鼓励盲目的以自我为中心。完全自私的人与完全以外在为指导的人同样都有缺陷。

换句话说，与仅仅依赖于自己的记忆，或想象它（在现在或将来某个时候）可能是什么样子相比，训练自己关注当下的主观存在会带来很多好处。当我们在此时此刻真正地碰触到我们的内在过程时，我们便获得了力量，这会让我们更多地以一种符合自己意愿的方式来管理我们的生活，而不是出于习惯或社会期望。⊖

结论

我们必须帮助来访者认识到，仅仅做到观察准确和如实报告是不够的。真实的改变需要来访者关注此时此刻的体验——越多越好。

⊖　在日常生活和心理咨询中，即时觉察对我们健康的重要性在布根塔尔 1987 年的另一本书的第 3 章中有描述。

第 3 章 ————

生命只存在于此刻

将心理咨询导向此时此刻

　　本章进一步对以下两种观点进行对比：一种是从人的本性的角度，它把人理解成一件事物，更加客观；另一种是更为主观导向的观念，认为人的体验才是根本所在。而且，不管我们是否承认这种体验，它都是一个持续进行的主观过程。

　　后一种观点的含义确实很深远。例如：以往我们通常会关注来访者的个人史，但后一种观点质疑这一种做法的有效性。这种挑战的背后，是对个人史的心理因果关系的惯常假设的更根本的质疑。

　　这种质疑引导人们重新审视"移情"这个既熟悉又重要的概念。关注来访者内在的此时此刻的真实体验，将会进一步带来以下三种效果：①对哀伤的更多探索；②减少认知层面的干扰；③更持久的治疗效果。

　　我们对人格理论和心理咨询实践的很多思考，都隐含着一种永恒的境界。可通常令人遗憾的是，有时来访者的生活和我们的心理咨询工作，会因各种变化而变得非常复杂。然而，略加思索就会发现，这种静态的观点是多么不切实际。事实上，当我们谈到基本的现实时，我们不得不承认，**在人类的经验中，唯一真正永恒不变的就是变化**——不断地变化、成长、更替、进化、死亡、衰退。时间及其变化需要在元心理学及其应用中重新吸纳进来，并变得更有意义。

　　　我和妻子喜欢开车越野、欣赏美景、摄影、讨论、探险……寻找能拍出好照片的地方……尝试着把所有一切都抓拍保存下来……至少是拍一些特别的地方、特别的时刻。把这些照片当珍宝一样珍惜，以后好能拿出来欣赏。大提顿国家公园上的雪、黄石国家公园的野生动物、在锡安国家公园的美好的年轻的一家人……

　　　你为什么一直坚持说那是在布莱斯峡谷国家公园拍的呢？

　　　这些景色真的很美：美丽的山脉，意外喂驼鹿的机会，山间溪流穿过郁郁葱葱的树林，耀眼的阳光浮于湖面上。山脉巍峨，照相机可装不下它们。来看看这个……是在大提顿国家公园拍的吗？

　　　不是，是黄石国家公园……欸，等会儿，这个不是在冰川国家公园拍的吗？

　　我们会逐渐认识到，每种生活的体验都是独一无二的，有时你会欣然接受，有时却是不情愿的。尽管我们肩并肩地一起分享拍照时的那一刻，现在又在一起看照片，但你的敬畏时刻和我的不一样。不管是照片、全景拍摄、视频、旁白解说甚至专业级的、精心准备的图片和文字，还是使用其他后期加工的技艺或艺术，都不能还原当时的**真实（actual）**体验，或让我们双方产生完全相同的体验。

不过有时候，这些照片可以提供一种愉快的新体验。**那是一种新的体验，但已经不是原来的体验了。**

心理现实：时间认知的概念

我们的记忆也好，关于我们自己的信息也好，对于我们的报告和档案也好，它们都可以提供信息。但那都是关于过去的，而且它们所要描述的内容与时间有很大关联。我们的记忆会在呈现**真实事件**时玩一些小把戏。

这些大家都很熟悉。但在心理咨询领域，我们却常常对它们视而不见。尽管我们认识到，女性对和父亲有关的童年经历的描述未必反映事实。但在基于个人史去解释她目前的经历和情感的压力下，当我们处理她现在对男人的期望时，仍然会潜在地假定她的描述是足够准确的。

心理现实只有现在进行时

心理现实总是发生在**当下**，而且一直在变化，它是一个不可重复的现在时。关于一个人过去的信息，不管你是怎么获得的，都是**事后诸葛亮**。它只是一张静止的照片，记录了曾经的生命活动。以前的生活已经过去了，留下的是当下的表达，而这充其量不过是过去生活的一个幻影。

传统心理咨询的公式

病史在许多临床工作的教学中占有主要的位置。它采用的公式如下：

※ 通过病史解释症状和疾病。

※ 这种解释形成了治疗计划。

※ 通过该计划对来访者进行诠释。

※ 这些诠释带来了生命的改变。

事情确实会这样发生吗？它是否准确描述了人的变化、无数小时的心理咨询的基础，以及人类潜在的本质？读者必须自己回答。作为本书的作者，我对这一传统公式表示怀疑。

这种模式的心理咨询很容易成为侦探小说。[一]线索被巧妙地收集起来，接着被高明地整理成解释性的场景，并最终提供给来访者——来访者可能会，也可能不会接受它们。很明显，当来访者不接受时，阻抗正在发生。而且还必须克服它，因为只有这样，咨询师提供的治疗性解释才能起作用。

在当下，生命方可绽放

流动的、不断变化的主观体验只存在于事件发生的当下。我们对任一时刻发生的事件的理解取决于是谁在讲述以及何时在讲述。因此，我们对事件的理解就必然是片面的和充满偏见的。

当一个人听到几个不同的观察者对同一事件的描述时，他将清楚地意识到，人是活在自己的主观感受中的。[二]在团体咨询的组员回顾和讨论一周前共同经历的事件时，他们常常会认识到这一点。

> 梅布尔：我觉得你上次对比尔太粗鲁了，他不过是想让你安心。
>
> 贝蒂：我只是告诉他我的想法。如果在我尝试帮助他时，他觉得我是在指责他，那我也没招儿了。

〔一〕 的确，R. R. Kopp（1995）使用了这个比喻。

〔二〕 这就是法庭斗争的主要内容。

　　比尔：啊，你们说啥呢。我甚至都不记得她到底说啥了。再说了，我也没想让她安心。

　　明智的团体咨询师很快就意识到要打断组员对上次团体内容或情绪的讨论。组员可能会陷入无休止的争论，争论他们都亲眼看见的假想事实。这是一个训练组员去关注此时此刻的绝佳机会，而不是去做埋在时间里的事实的考古工作。

　　极端地说，所谓的客观事实，只是观察者让自己的个人化解释起飞的"发射台"。

　　的确，人类的一个显著特征就是他们的主体性无处不在。无论是有意识还是无意识，是醒着还是睡着，也无论是独处中还是与他人相聚时，主体性这个强大的"搜索引擎"几乎总是在工作。我们的主体性不是给固定存在的物体拍照的照相机，甚至也不是一个冷静地观看外部场景的摄像机。

　　我们的主体性是一个活跃的中介，它不断参与我们所经历的事件，用存储的记忆对它们产生影响，同时也把它们储存进一个整体环境里。在那里，未来发生的体验将继续影响它们。我们的主体性也是不断发展演进的。主体性正如我们的生命本身一样，是流动变化的，它是我们生活的核心。

　　当事件都是过去很久的、主观的、情绪化的时候，以上这些就显得更加真实了（事实也常常如此）！

　　当时发生的事件难以在此时此刻被准确回忆或重构，而时间的流逝增加了这种不确定性。随着意识的范围打开得更大，各种主观因素可能并且也确实会带来改变，让以往清楚不过的事实变得模糊不清。⊖关注历史的

____

　　⊖　其他传统早就认识到体验的这种流动性。见 Jaynes（1976）、H. Smith（1982）。

心理咨询方法会冒这样的风险：把大量精力花在那些被认为是最准确的部分真相上，或者说在某些情况下，把大量精力花在当前建构的一些虚构的东西上。[○]承认这一点并不等于说有人在进行有意识的欺骗。

充分认识到主体性普遍而强大的影响，让作为心理咨询师的我们重新审视自己坚持的一些关键假设。下面来自另一个领域的例子就说明了这一点。

当我刚刚开始在大学教心理学课程的时候，经常花大量时间精心准备我的课程，细致到哪怕最不需要的备注和插图。我为学生准备了很多内容，并用一种客观而权威的方式讲给学生。[○]在这个过程中，我谨小慎微地不把自己的想法加入进去，而只在课程中呈现那些权威性的内容。

我盲目地认为应该把这些内容原封不动地传递给学生——不管是我自己还是其他人都觉得我还不够资格去表达自己的思想。而且，在这种情况下，需要提前整理好教学内容与呈现它们的方式，并在授课时尽量维持原样。这至少在理论上是可行的，因为所教授的内容是独立于教师、学生和传播时刻而存在的。随后，学生们将接受测试，以确定他们如实地记住了这些知识。

毋庸置疑，这个描述有点像一幅讽刺漫画，[○]它只是有限地符合我的实际经验。可遗憾的是，这对当时的我来说是正确的，对现在的一些教师来说仍然是正确的。

后来和我关系亲近的学生们告诉我，我讲课的内容丰盛，但让人昏昏欲睡。

○　这是美国的法律体系永远无法完全解决的难题，也是经常破坏司法公正的问题。

○　许多人在教学中都经历过这样一段时期，在这段时期里，我们或多或少地认真地做了这里所讽刺的事情，但是随着时间的推移，我们获得了能让我们继续进行教学的、可靠的信心，同时也变得更加自在。

○　也许在"硬"科学领域，如物理、化学、地质学和类似领域，这幅图不太像漫画，但我想即使在这些领域中，教学风格的巨大个体差异也会让它更接近这幅漫画。

在熬过了前几个学期之后，我开始变得更加自信，并对自己想教的东西产生了更多的兴趣，而不是求助于引用和生搬硬套。很快，我只需要少量的文献资料，我的课堂就能变得更有活力，而且从学生的参与情况来看，大家显然更喜欢这样的授课方式。

在之后的几年里，我只会大致思考我打算讨论的内容，整理一些想法和准备有帮助的课堂活动等。然后，当走进课堂时，我会把准备的所有东西都放到一边，也就是说，甚至到我开口时，我才知道我要说什么。

当我把这项工作做得很好，并在课堂上真实在场时，材料就变得生动起来——我变得鲜活起来，而不只是一台录音机。更重要的是，我能够更迅速有效地响应学生们的需求。更让我吃惊的是，有时我会在自己的材料（那些"知识"）中发现一些暗含之义和细微的差别。这不仅丰富了我的理解，也促进了我的教学，增加了我自己为知识宝库做更多贡献的积极性。

在场的咨询访谈

当来访者和咨询师第一次见面时，一个独特的事情就发生了。两个人并非完全有意识地，而是潜移默化地都开始为他们的关系、为他们在一起的心理咨询工作绘制了一幅草图。我用"草图"（sketch）这个词来强调他们早期相遇的特征：预备性和不完整性。这个术语也承认他们之间的互动并不都是通过语言进行的，或者能被言语化的。

两个人的草图不会一样，但也将有足够的重叠，使得咨询工作可以向前推进。⊖ 随着两人工作的开展，这些草图将不断发展。

至关重要的一点是，心理咨询始终是一系列独特事件的展开，是活生生的人之间的一种新兴关系，他们自己也在持续的进程中。关于心理疗法

⊖ 见 I. D. Yalom 和 G. Elkin 的《日益亲近》（*Every Day Gets a Little Closer: A Twice-Told Therapy*）。毫无疑问，这是有史以来最显示出作者胆量的心理咨询图书之一。

的讨论、课程，以及像我现在正在写的、你现在正在读的这本书，都不是
心理咨询本身。它们是静态的，其中的意义取决于谁来参与，也取决于谁
来呈现它们。

　　一个非常重要却常常被忽视的事实是：促进自我实现和有
效的心理咨询（就像生命本身），总是且仅是一个现在进行时的
事件。

换一种方式来表述：可以把我们的体验（不论这个体验是否在心理咨
询当中发生）看成是一系列永无休止的、类似于电影中的"帧"。每一帧
都有许多维度——外显维度、情感维度、时间维度（例如，基于记忆的、
预期的）等。我们可以把一个人的一生看作这样的一个系列：其中重要且
关键的区别是，每个"生命帧"在它出现的瞬间后就永远消失了。

许多心理学理论和心理咨询学说都有意无意地忽略了这种无常。客观
地说，这种否认往往是自欺欺人的。因为每个生命都处于不断的流转中，
在任何一个特定的时刻所显现的（所实现的、所诉说的、所理解的、所感
觉的，等等）都是那个时刻独有的一帧。每一帧都受到前一帧的影响，反
过来又影响着后面一帧。

但是，认识到我们体验的这种持续流动性，并不是在贬低它，或者去
否认对接下来随之发生的体验的可知性。

一个人，无论是否习惯于内省，当想到自己的内在经验时，都将会认
识到图像、身体觉知、想法和感觉的不断流动变化。[⊖]如果一个人对自己

　⊖　有些人可能难以认可这种说法。许多人都习惯于专注外在，以至于专注内心似乎显得
　　　毫无意义，而且肯定是不熟悉的。当这种发现被证实时，开始实践这一新技能就成了很
　　　有价值的任务。而且这样做几乎总是为人们的生活打开新的视野。

的内在保持开放，并且没有预先设定限制，那么，无论这是不是一个熟悉的体验，这种体验的持续变化性都将会变得非常清楚。

踏入这条永不停歇的河流时，很明显我们不可能找到两个时刻或两个人之间完全相同的体验。

宗教和军事秩序（戈夫曼的全控机构[⊖]）通常试图使人类成为可靠恒定的**东西**，以便更彻底地控制他们。然而，熟悉这些组织的人很清楚，个体差异是多么顽强和普遍。按理来说，他们的制服和训练一模一样，但大兵琼斯不会被误认作大兵史密斯，修女露西尔也不会被当成修女多萝西。

当然，模式会变成习惯，在人漫长的一生中，可能会一遍又一遍地反复出现。然而，人们如果认识了某个人很长时间，那么可能会偶尔惊讶于如此熟悉的变化。模式说明来访者如何无意识地定义他们自身以及他们身处世界的特性。一定程度的恒常性是必要和有价值的，并使治疗性谈话成为可能。但明显的是，随着时间的推移，一些模式会变得非常妨碍和干扰来访者的生活。当然，当这些模式在咨询室里出现时，明智的咨询师会处理它们。

这里存在着一种以信息为中心的疗法和一种以此时此刻为中心的疗法之间的对比。在前一种方式下，咨询师识别出的不良模式可以追溯到来访者生活中较早的事件，然后向来访者展示并且解释这些模式，因此可能减轻来访者当前的痛苦。在后一种以体验为中心的看法中，咨询师关注了模式的持久性、这种模式对当前生活和健康的影响，以及是什么维持了这种模式。

显然，在这一阶段的治疗工作中，传统模式和**以此时此刻为中心的**（present-focused）方法有相似之处。关键的区别在于咨询师的意图——

　　⊖　见 Goffman, E (1961)。

是告诉来访者**关于**痛苦的来源，还是让来访者对该模式有更即时、更充分的**体验**。后一种方法假设修复力是由活生生的、此时此刻的觉察带来的，而不去依靠理解和宣泄。

传统的视角

以下内容无疑过于简化，但其目的是揭示众多心理咨询工作的根本框架。

前面描述的信息优先的方法经常被视作属于心理咨询的思维方式和实践方法。常见的模式是收集来访者的信息，将这些信息提炼成有效的诠释，然后反馈给来访者。当这些"洞见"足够准确并充分地被来访者接受时，疗愈或改变就被认为是有可能发生的。重点是在**信息**上——是从来访者那里获得的关于来访者的**信息**，接着由咨询师加工和精炼的**信息**，最后咨询师把**信息**反馈给来访者。

而且，事实上，一些变化确实发生了。但我相信来访者发生改变或疗愈的原因是来访者与咨询师的关系（移情[○]），而不是来访者定义自己或世界的方式，或这两者都发生了根本性的转变。这种看法得到了下面两件事情的支持：①"被治疗成功的"来访者拒绝终止治疗；②这些来访者重新接受心理咨询（通常与他们第一次接受心理咨询时的"抱怨"基本相同）的发生率。

当然，来访者与咨询师的关系是重要的，但之所以如此，是因为这种关系是信息双向流动的载体。否则，这种关系在任何一方的生活中可能都

〇　我认为关系是指人与人之间（或者有时是指人与动物、物体或原因之间）的任何联系的广泛的术语。我会提出，移情最好保留在一种关系的子集里。在这种关系里，主要纽带是一个人对另一个人的期望，而这个期望最初发生于和一个完全不同的人的最初的关系中。

不会有什么重要影响。事实上，如果咨访关系对其中的一个人或两个人都
变得非常重要，有人就会坚称咨询出错了，因为"失控的移情或反移情，
或两者"⊖正在发生。

理解这个方法对此时此刻的强调

为了弄清为什么这个咨询方法把重点放在此时此刻的体验上如此重要，
有必要对我们的觉察或意识的运作机制提供一个简短的构思。它将由以下
一系列假设构成：

* **生命、生活，是一个不断演进或变化的过程。** 这种生命运动是
  连续的、不可逆转的。觉察是生活的一个主要方面，因此它也
  是不断地演进和不可逆转的。
* **"觉察"是一系列的主观体验。** 从微小的、主要集中在身体上
  （可能没有被完全意识到）的感觉，到高度集中的、强烈的洞
  察，只要有生命，就会有对某种秩序的觉察。这种观点与生理
  学家所说的"兴奋性"一致。它包含了一个巨大的范围（大致
  从对疼痛的条件反射一直到艺术家的最高成就）。
* **意识代表的是整个觉察范围中被有限覆盖的部分。** 因此，意识
  是生命本身的一种表达，尽管它是有限的。对意识的影响可以
  改变觉察，进而影响拥有这个意识的生命。由此可见，意识是
  一个不断演进和不可逆转的体验。意识从来不会停留在一个地
  方。相反，意识是不断变化的，这点极为关键。⊖

⊖ 按照前一个注释中的定义，反移情被有效地限制在这样的情况下：咨询师将自己生活
的其他方面的期望转移到当前的来访者身上。

⊖ 东方思想长期以来一直研究意识的过程，并提供了睿智的见解。参见 Jaynes（1976）。

感知取决于边界

我们可以做出如下认识：当我们说"看见"某物时——无论是通过身体的视觉还是通过对它的理解，我们都在潜移默化地给它下定义。这类定义有两方面含义：①它是由什么内容或实质构成的；②划定其范围，以便区别于无限的可能性。

我看见在我前面的桌子上的那本书。

看到那本书，我把书区别于它所在的书桌、它旁边的日历和它上面的信封。换句话说，我使用对对象的边缘或限制的觉察，作为识别或定义它的主要方法。

我明白我的朋友正在表达的观点是什么。

听了他的陈述，我意识到他的观点与我之前听到的有相似之处，但同时也辨认出我朋友现在的立场和之前相比有了什么不同。他隐约提到了一些过去的例子和对立的观点，但他也清楚地表明了他不是在简单地重复过去已经讲过的概念。

而且，我的朋友不是仅仅强调差异，他也展现了他的观点中的特色。每一个这种观点的提出，都是由它与我们的共同知识或共同价值观之间的联系来支持的。就好像是虽然他在给拼板玩具填上了缺失的一块一样，但他指出了该概念整体的边缘或边界，也展示了他所提供的内容是如何匹配和扩展这个整体的。

在这个过程中，我的朋友可能是在处理某些论题的整体，也可能是在为他的注意力划分出一个从属部分。在这两种情况下，他既关注基本内容，也关注总体范围。

　　我的朋友坚持认为，他不是简单地重复一个政党的理念，而是提出了一个他认为是重要的、进一步必须得到承认的含义。

这里要表达的中心要点是，阐明一个观点或特征，需要将它与其他观点或特征相联系，但同时也要区别开。同样，限定或边界是理解（或"看到"）的必要条件。一个必要但不充分条件。

当我提出将工作的中心从以信息为中心转到以体验为中心时，我是在利用觉察和意识的基本动态特性。治疗性改变发生的原因是感知边界的开放，也就是说，以新的方式看待我们生活的重要方面。[⊖]

概括来讲，无论我们的感知受到怎样的限制或界定，那都有助于确定我们所感知的内容。因此，虽然绝大多数婴儿很快有能力看到一岁大的兄弟姐妹所能看到的几乎所有东西，但婴儿必须学会区分椅子和狗，并在开始爬行时识别哪里是床的边缘。[⊜]

一个人的自我概念和生活方式可以被理解为这些限定以及对限定的补充，它们构成了决定我们生活的自我 – 世界建构系统。[⊜]它们对我们开展生活至关重要，但同时它们也限制了我们的能力。

　　那些给予我们能力的东西也会限制我们。认识到这一点至关重要。

⊖　见 Jaynes（1976）。
⊜　见 J. C. Pierce（1985）。皮亚杰的观察表明，对于孩子来说，自我和他人都是一体的，这一点在孩子七岁之前通常是准确的。
⊜　参见第 7 章。

每一个这样的限定都倾向于保持它的形式，否则，任何生命模式将不可能起作用。最终，限制的形式大多是任意形成的——**事物就像我们所看见的那样**（不仅是它们的物理属性，还有它们的实用性方面和隐性方面）。正是这种给予能力与限制的结合，自我－世界建构系统便构成了我们的个性，并决定了我们如何应对生活中的各种事件。

将这一观点进一步拓展，我们可以假设，使人们前去接受咨询的问题、症状或不满，其根源在限制上。来访者感到痛苦，是因为感受到了某种限制。将自己视为受限的人，不仅可能导致增强自我认同感，也可能会在不知不觉中增加限制本身。

心理咨询师对这种矛盾的模式很熟悉，他们经常看到来访者无意识地强化他们所抱怨的自我认知。

> 嘉莉感觉非常痛苦，因为她的爱人离开了她，她觉得自己再也找不到另一个男人，会用她梦想中的方式去爱她了。因为这个信念，她很少注意自己的外表，避免结识新朋友。

心理咨询尝试打开这些抱怨，揭示其中隐含的限制。然后，反过来，打破这些限制。通过这种方式，来访者会发现，以往似乎是不存在的可能性。这个探索－发现－探索的循环就是**搜寻**的过程。[○]

打开一个感知意味着对其以及其诸多内涵进行尽可能完整的表达，以及在此过程中对隐含的、常常不被意识到的相关的附带内容或扩展内容进行揭示。这是一项艰巨的、有时会让人心生恐惧的事业，但从长远来看，这是一项能解放一个人的事业。由于每个人的自我－世界建构系统最终都是相互关联的，所以在理论上，这种打开是无限的。当我们打开一个限

　　○　参见第 4 章。

制，发现与其环环相扣的从属限制（定义了事物看上去会是什么样子）时，我们会不断地发现更多可能性。

简而言之：当这个打开的过程发现了以前不存在的选择时，症状或抱怨就得以减轻了。

> 在心理咨询中，嘉莉与自己的冲突做斗争，这种冲突便是她试图通过否认和隔离的方式来获取安全感。在这个过程中，她开始冒险同时向外和向内打开自己的觉察。在这里，心理咨询的工作就是把她对生活、对父母和对她自己的愤怒带到她的意识表面上，而此前这些愤怒是通过孤立她自己的方式进行表达的。但这个工作内容只是她更多地接触自己内心世界的副产品。

此时此刻的意义

嘉莉的故事展示了，坚持来访者此时此刻自我表达的搜寻，会重新揭开自我挫败和明显封闭的模式，揭露出此前未被意识到的可能性。

只有在心理咨询工作不断地使用此时此刻这个试金石时，这整个过程才有可能实现。这需要敏锐关注来访者的内隐**支点**⊖（pou sto）。阻抗有很多形式，其中最常见的是：来访者把自己当成讲故事的人（而不去探索和表达当下的体验）；来访者无意识的自我辩护；来访者回避太痛苦的话题或回避有可能暴露给咨询师太多关于自我的话题。如果没有此时此刻这块试金石和对过程的真实投入，打开的过程将被架空，并可能进入无休止的连篇累牍（变成思辨或虚构，或被人格物化）。

有两个原则指导着这一过程：①咨询师的注意力必须相当持久地保持

⊖ 第 5 章将会讨论支点。——译者注

在对来访者偏离此时此刻的警觉上；②咨询师的干预必须主要限定在观察来访者对咨询的投入和搜寻在当下的实际情况，同时在提供内容上保持节制。⊖

换个稍微不同的方式表达：当一个人向内进行探索时，他是在了解一个潜在的宇宙。我们每个人都生活在这样一个独一无二的内在宇宙（自我－世界建构系统）中。

来访者需要在坚持这种内在探索上付出全部努力，不丢失移动的关注点所带来的力量和引导。⊖来访者需要如此坚持，以至于自己不会再去寻求，也不太可能发现生活问题的"答案"。**取而代之的是，问题本身将会发生变化**；问题的边界将变得更具渗透性；以往完全无法触及的可能性将会被发现。

所有这些都基于以下认识：

* 我们生活在一个可被感知的世界，这个世界不是所谓的"真实的"外部或物理世界。当然，我们的身体将我们与物质世界联系在一起，但构成我们生活的绝大部分的、我们主要关心的是主观的世界。

* 对物体、思想、记忆、目标或任何事物的感知，都是一个不断演进和变化的过程。

* 我们每个人都在一个独立的知觉世界里。虽然它无法完全地或一模一样地与别人共享，但我们人类有很多共通之处。

* 我们的知觉世界是由"现实"的定义或概念组成的——什么是好的，什么是坏的，什么是值得努力的，什么是有力量的，什么是生命所必需的，什么是致命的和需要躲避的。

⊖ 第 6、10、12 章提供有关这一心理咨询工作核心的细节。
⊖ 参见第 4、7、8 章。

历史决定论和另一种声音

　　心理疗法和心理人格理论（包括精神病理学）一直被早期经验决定当前现象的观点所主导。如果不这样，那么临床医生和理论家会抗议说，我们将陷入混乱，无法协调我们的理解或去制订治疗计划。但一些人会如此争辩：坚持早期经历会导致后来的行动、情感或关系问题只是一种信仰，而不是基于实证的证明。

　　历史决定论的信仰才出现了不到一个世纪，便取代了两个世代占据着统治地位的信念：宗教信仰和世俗地位。这是历史向前迈出的一大步。当然，在哲学、文学和艺术领域，类似的挑战也出现在同一时期。这些变化的大部分动力必须被视作形成 19 世纪晚期思想的复古思潮的一部分。这个摆动的目的是对物理科学进行模仿，并消除所有主体性。

　　我相信，当前占统治地位的物化主义人性观，即把来访者当作被标准化的"治疗体制"⊖操纵的物体，正在阻碍心理咨询理论和实践取得真正的突破。自从一个世纪前，弗洛伊德率先把理性和客观性引入心理学领域以来，我们对人性的概念几乎就没有什么进展。

重新思考移情的概念

　　一名男性来访者对咨询师说："不管我做什么，你总是挑我毛病。你就跟我妈似的。"

　　很简单吧，这显然一个移情。非常地明确。

　　但真的是这样吗？

　　⊖　最典型的是"健康管理组织"（HMOs）。

　　这个来访者出生时，他的母亲 22 岁。他上学时母亲还不到 30 岁。母亲 40 岁那年，他高中毕业。他一直住在家里，直到 21 岁大学毕业，搬出去和女朋友住。总之，在他生命的头 21 年里，他和母亲（以及其他家庭成员）生活在一起。在那些年里，他的母亲从一个非常年轻的成年人变成了一个成熟的女人。

　　当他把咨询师比作母亲时，他指的是哪一个母亲？粗略估计，21 年有 7 665 天（不包括闰年），如果每天按照 8 小时亲子时间计算，那么总共是 61 320 个小时。问题是，他现在对咨询师的移情，是基于哪一天里哪个时间段对他母亲的体验？

　　当然，这是在较真。他指的是他母亲在生活中多次与他相处的方式。特别是他此刻选择回忆的那种方式，好以此来达到当下的目的。因此，我们应该将估算值减半，或者再减半。那么，咨询师是不是像那个和来访者一起生活了 40 241.25 个小时的母亲呢？还是胡扯。那就算十分之一，是 4 024 小时？嗯，也许吧。

　　上面的讨论已经有点太不像话，还是让我开门见山地说吧。父母（比如这个年轻人的母亲），不论在过去还是现在，在他们孩子的生活里都表现为各种各样的面向。的确，就像通常所说的，而且它很有道理：即使是同一对父母生下的孩子，对每个孩子来说他们的母亲都是不一样的。人们的一些特性会表现得比较稳定，另一些则起伏不定。除了极少例外（通常是精神病患者），在每一天（实际上常常是每一小时）里人们会表现出多个面向。

　　重点是，当来访者把这个指控扔向咨询师时，他是从对他母亲的一系列隐秘记忆图像中选择了符合他当时情绪或需求的特定的那个。当然，这不是一个有意识的过程，这个选择是由来访者在那一刻的情感和需求所做出的。在另一个情境中，同一个来访者可能会告诉他的爱人"你的温柔

（或紧张或幽默或……）让我想起了我的母亲"，或者对他的女儿说"你遗传了你奶奶对音乐的热爱"。

当咨询师基于来访者的几次愤怒的爆发，假设来访者的母亲对他的生活产生重大影响，然后试图以此理解来访者并向他做出诠释时，问题就出现了。

我并不是在建议要对来访者及其个人史取得更多了解从而改进诠释。作为心理咨询师，我希望那一刻能鲜活地存在于来访者的生活中。因此，我不对来访者把我比作他的母亲做出反应，而是对他对我的愤怒或改变我们工作方向的意图做出反应——这些才是我们当下的互动中真正在发生的。因此，咨询师可能会有以下几种反应：

> 来访者：不管我做什么，你总是挑我毛病。你就跟我妈似的。
> 咨询师：我不是你妈，你看着办吧。
>
> 或
>
> 然后呢？
>
> 或
>
> 你听到我在挑毛病，所以你试图把注意力从自己正在做的事情上转移开。
>
> 或
>
> 哇！你想和我吵架，好不去处理真正的问题。
>
> 或……
>
> 等等，等等。例子可以无穷无尽。

这是阻抗的一个极度简化的例子，它不是只出现在有意或无意地误导或回避咨询师的情境中。我们所有人都编织了一张充满关心、威胁、渴望和类似主观联结的大网，许多其他的体验遮罩了它。虽然有时这会形成阻抗，但它不一定是形成精神病理的原因。一个简单的例子可以说明这一点。

> 海伦虽然保持单身，但她极力否认嫉妒姐姐幸福的家庭生活。当被问及她主要的满足感的来源时，她马上列举出读书、听音乐会，和女性伴们在一起的例子。当她如此"背诵"完时，咨询师注意到海伦变得有些压抑。泪水涌上她的眼眶，她用非常轻柔的声音说："但我多想有一个自己的孩子。"

海伦在那些活动中体会到的愉悦是真实的，那不是阻抗。但在这个具体的情境中，它是因为海伦对承认她那令人心酸的愿望似乎注定永远无法实现的抗拒而被激发出来的。换句话说，它为阻抗服务，却不是阻抗本身。

毫无疑问，正如我们在 20 世纪末所看到的那样，历史的确为我们提供了塑造生活的原材料。但是有两种文化力量，即心理咨询和心理治疗的惊人发展和对精神层面的新的关注的出现，使我们的视角不再止步于弗洛伊德关于心理因果关系的机械论观点。

毫无疑问，我自己的信念同样也由这两种力量所塑造：我们所做和所经历的，都是在关于人性和世界的持续演化（和基本属于个人）的理解的互动中，所产生的当下体验的产物。为了表达这些体验，我们从过去的体验中吸取经验。[⊖]

当然，早期的体验有助于我们理解和命名当前的体验。但是，因为这

⊖　注意这是"表达"而不是"解释"。

些体验是属于早期的，它们已经经历了持续的变化——从微小的、到巨大的、到中间所有维度上的变化；从它们产生的那一刻，直到它们在此时此刻呈现。这些变化产生于我们与他人的互动、我们处理每一个事件的方式，出现在我们的内心（内在心理自我）世界。因此，一个人一生中较早事件的"后代"将是现在活着的"多胞胎"，有的与最初的事件保持了一致，有的则完全相反，各式各样，每一个都是独一无二的个体，就像今天可能有成百上千个约翰和普丽西拉·奥尔登的后代一样。

这里的底线是：人类是最真正主观的存在和过程，而不是仅被无意识力量操控的客观物体。对于许多人来说，这种观念需要我们转变对人的理解，进而改变对心理咨询的理解。这就要求我们从对客观、显性和因果关系的强调，转向对主观、隐性和意向性的关注。[⊖]

心理决定论：一个有力却已衰落的观念

我们的心理咨询太过经常地试图将物理工程学的视角作用于人类。弗洛伊德设想了一门精神分析的自然科学，许多人仍在寻求相似的目标，因此强调的是描述、分类和客观证据。

当然，在管理式医疗运动[⊜]中，必然会强调客观化、明确的程序和简短的服务。我在这里提出的对主体性的认识，与这种态度几乎完全相反。

真正属于人类的心理咨询必须颂扬人类本身和每个人类个体的独特性。

⊖ "意向性"是指人类经验向前推进的一种方式。它包含了希望、想法、意志和计划等过程。参见第9章。

⊜ 管理式医疗运动已经成为美国卫生服务领域的一股主要力量，因为它试图将专业人士的工作安排到限定的时间，非正式联系的机会非常有限，因此使得在主观上的关注也很有限。

我们是火焰，不是建筑物，也不是鸽子、老鼠或猴子。我们会变化，并非一成不变。我们不是大理石雕像，而是成长中的（这是我们所希望的）、走向成熟的活的生物。[一] 我们会使那些想要准确预测我们的人感到绝望。我们是必须按自己的方式演奏的音乐。

[一]　甚至超越了这些？

第 4 章 ————

理解搜寻和担忧

两个对生命和咨询至关重要的动态过程

　　针对生命此时此刻的心理疗法，必须把来访者对自己生命关注的力量和人类与生俱来的自我探索能力放在中心位置。

　　"搜寻"是我给这个过程起的名字。它构成了来访者参与心理咨询的主体模式，由来访者的担忧所驱动和引导。搜寻是所有生命与生俱来的能力。它的一些常见形式包括探索、推测、问题解决、发明和研究。搜寻是一种基本的和必不可少的生活能力，无形地存在于我们的众多行动之中。搜寻的力量可以无限延伸，它的结果常常使生命变得更加丰富。

担忧经常被理解为一种理所应当的力量，但这种力量实则被人们忽视。然而，正是担忧促使大多数来访者前来接受心理咨询，激励他们继续参与治疗，并增强他们的决心，使得他们接受真正能够改变生命的心理咨询，并且把在其中所学会的东西应用到生活中。心理咨询之旅的成功与否，最终取决于在咨询中来访者的担忧是否被充分地动员，以及是否被很好地聚焦于来访者在生活中面临的问题。

搜寻过程的重要性

每个人的意识都是一个流动的、波动的感知过程，有时向内，有时向外。当人们不能立即使用习惯性的反应时，一种特定的意识反应就会凸显。这种意识就是我所说的**搜寻**。

当我们和朋友闲聊，思考该如何投票，因为堵车而改变回家的路线，从菜单中选择晚餐，争论最喜欢的球队的优点，以及当我们写信时——所有这些事情以及许多其他事情都会唤起我们**已经**学过的东西和我们的搜寻能力。

读者朋友，此时此刻，当你读着这本书、这一章、这几句话时，请暂停一分钟，想一想你的内心正在发生什么。请注意以下几个层次：你读到的内容、对注意力突然被转移的反应、想要回去接着读的不耐烦、对更深层次上有些活动正在进行的感觉……

搜寻是一种与生俱来的、强大的、对生命至关重要的能力，是对学习进行补充的过程。换句话说，搜寻是从已经习得的反应库中选择与当前情况最相关的反应。在发展和学习新的反应经验时，搜寻也是必要的。

当我们发动汽车，听到左后轮胎发出的爆胎声音时；当一场意外的寒潮来袭但是我们却没有燃料给火炉生火时；当图书馆的借阅期限的新制度使我们不能读完正在读的书时；当一项意想不到的重大开支出现，可恰好到了要还房贷的时间时；当我们的恋爱对象似乎忽视我们的存在时……在每一个这样的情况下，在生活的很多紧急状况中，搜寻是我们解决问题的第一手段。

当然，搜寻并不一定能找到我们想要的解决方案。轮胎没气了，所有的加油站都关门了，我们只能叫辆出租车；我们从其他消费计划的款项中挪出资金，以避免失去自己的房子；我们和心上人榜单里排名第二的人约会，毕竟结果也没那么糟糕，但还是……

的确，我们所做的一切都需要学习和搜寻两者。我们很少（如果曾经有的话）发现自己处于完全没有相关学习经验的状态中。如果那真的发生了，我们将无法搜寻。事实上，在任何一个近似这种极端的情况，我们都会引入其他领域的知识，以便可以使用这个对生命不可或缺的力量。因此，当一个来自其他国家的人在美国的某个城市中迷路时，她会试图说自己的语言，即使她可能很清楚不太可能有人能听懂。所以这个游客打手势，演哑剧，比画——总是用以前学习过的方式去搜寻交流的方法。

由于我们一直在搜寻，它是如此熟悉以至于我们很少意识到我们正在这样做。一些人在使用搜寻的能力方面发展出了高超的技巧，成为众所周知的创新家、发明家和有创造力的艺术家，或者是行骗者、盗用公款者和欺诈者。我们大多数人都会培养出足够的、普通的搜寻技能，并在自己特别关心的领域中发展出更强的能力。

搜寻是心理咨询的核心

西格蒙德·弗洛伊德将手掌放在病人的额头上，命令道："现在，一定会有一些想法或记忆浮现在你的脑海中……你必须无视所有的'审查'，把每一个想法都说出来，即使你认为那是不相关的、不重要的，或非常不愉快的。"⊖弗洛伊德正在利用一种已知力量，这种力量早已被牧师、萨满、医生、咨询师和其他各行各业的人以这样或那样的形式使用了数千年。弗洛伊德把它称为"自由联想"，并将其作为精神分析的"基本原则"。

我们所说的"搜寻"，是一条通往人类相同的能力以及它所服务的深层意识的类似的道路。尽管我们使用搜寻的方式与弗洛伊德有点不同（我们

⊖　弗洛伊德将这种挖掘人类能力的方式称为"自由联想"，他的传记作者琼斯（Jones）称"这种方法的发明是弗洛伊德科学生涯的两大成就之一"。

更强调搜寻过程本身，而不是搜寻出来的内容或信息），[⊖]但我们都将这种方式作为工作的中心，我们也并不是唯一这样做的人。对心理咨询来说，这种搜寻能力普遍是重要的。[⊜]

　　搜寻确定了这样一个事实（正如我们在第 3 章中看到的那样）：我们的意识或觉察的焦点是不断移动的。一个活生生的、心智健全的人，不可能保持不动地专注于任何一个对象，不管该对象是客观的还是主观的。在担忧（从鸡毛蒜皮到生死攸关的事情）的驱使下，我们的焦点总是在移动。当被唤起的、根深蒂固的担忧进一步推动我们时，我们就会进入内心更深的层次。

　　　　这名寡居的来访者悲痛欲绝，坚持说除了他的丧失，他永远不会再去想别的了。但即使他如此坚持，他也已经从悲伤本身离开，转变成了坚持自己永不改变。如果让他放任自己，他几乎会立即扩大这方面的内容，或者转变到其他方面，而那接着又会被另一件事情所代替。

　　有时这种转变的明显之处令人惊叹，又有些时候这种转变是微妙的和不易被发觉的，下面这个例子将说明这一点。

⊖　正如后面几页所描述的那样，我们对心理因果关系的假设，也与经典的精神分析概念有重要的区别。

⊜　尤金·简德林（Eugene Gendlin）（1978 年）开发了一种系统的方法来获得这种潜力，他称之为"聚焦"（focusing）。马丁·布伯（Martin Buber）和约翰·威尔伍德（John Welwood）（1982 年）从另一个方向研究了这一过程，并将其命名为"展开"（unfolding）。我更喜欢"搜寻"（searching）这个词（它在美国心理学中有一定的历史）。

　　当然，用哪个词来描述这种我们共有的与生俱来的力量并不重要，但搜寻的力量和能力本身就是生命的关键。简单来说，我们可以把搜寻看作一种与生俱来的模式，当我们需要以某种方式行动，却又没有现成的、以前学过的、令人满意的方式来行动时，我们就会使用这种模式。

对孩子的渴望占据了来访者的全部心思，以至于她坚持认为没有其他事情会进入她的脑海，她通过愤怒地谴责其他家庭成员的担心来支撑她的立场。当咨询师不发表任何意见时，来访者对咨询师的无情表达了极其遗憾的情绪，接着很快讲述了她不得不忍受的其他失望。

每个人的搜寻都把这个人带向一条独特的道路，但这条道路是由这个人的深切担忧所引导的。不论是在走路还是在睡觉，是承认还是否认，是接受还是抗拒，这种情况都在不断地持续着。事实上，人类所经历的和所做的一切，都来自内在（或主观）过程和外部经验的交互作用，而我们无法意识到主观因素的全部。正如第 3 章所展示的那样，心理咨询如果想要有普遍的、持久的改变，必须尽可能地影响它所能触及的更深层次。搜寻就是最主要的方法。

印度哲学家、政治领袖、精神领袖室利·阿罗频多说过："心智是磨坊，它的功能是研磨，不断地研磨。"⊖在接下来的章节中，开放式的、持续的"研磨"会变得清楚起来。

想象的访谈

A-1：什么东西对你重要？

B-1：噢，很多东西。比如我的家庭、我的工作、我的健康，很多东西都重要。

A-2：什么东西对你重要？

B-2：我刚告诉你了。（停顿）我猜你是想让我再回答一遍？好吧，让我想想……嗯，现在最重要的是我最近感到有点不在

⊖　Aurobindo。

状态。

A-3：**什么东西对你重要？**

B-3：嗯？又问一遍……是的，我的健康状况，就像我说的，这让我想到我是多么希望能够进行我们计划在今年夏天的旅行。我可不想到时候卧床不起，相信我。

A-4：**什么东西对你重要？**

B-4：你看，我们要回东部去看望我的儿子和儿媳妇。她怀孕了，可能很快就会生了，所以我们想看看家里的新成员，而且……这对我来说……有点重要。你知道我不像以前那么年轻了。家里刚出生的孩子让我想起了自己的年纪。所以……所以我想去旅行，而且……

A-5：**什么东西对你重要？**

B-5：是的，是的，我知道我才把话说了一半，我知道。那好吧，如果可以的话，我一定要去看看那个刚出生的孩子，这对我很重要。因为我不是……我不可能长生不老。（停顿了一下，语调显得有些故作轻松）想象我就要当爷爷啦！

A-6：**什么东西对你重要？**

B-6：（突然冷静下来，出现强烈的情感）和儿子在一起对我来说很重要……还有他的妻子和孩子。我以前并不是个好爸爸，总是在忙生意和其他事。我想试着和他谈谈，告诉他我很抱歉。（停顿）哎呀，可恶！没想到我会说这些。我几乎不去想这些。但不管怎么说这都是真的。⊖

⊖ 重要的是认识到，在这些观察里得出的治疗方法中，这种动态过程比访谈中机械重复"什么东西对你重要"的形式灵活得多。然而，使用这种有限的形式（与一个愿意合作的非来访者）进行试验，将证明所引用的示例具有一定的代表性。

在这场想象的对话中，A 只是因为有意识地努力，才简单地重复问题。B 不需要这样做，于是在内心找到了无穷无尽的答案。这些答案将他带到了这个访谈开始时所意想不到的想法、感情和记忆中。[○]

现在让我们想象另一套规矩。在这种情况下接受任务的人需要给自己设定一个任务，他只能在心中有一个想法。

> 我会想这个："我只有一次生命，我最好且行且珍惜。"我只有一次生命，现在，我最好且行且珍惜……哦，我刚才加了"现在"两个字……讨厌！好吧，我现在就只这么想，我要这样过这辈子，我最好……我的意思是，我只有这一次生命……我只有一次生命，我想我最好且行且珍惜。我之前说过"我想"了吗？哦，好吧，我只有一次生命，我最好且行，且珍惜。不知怎么的，这感觉有点不同，但是……我只有这一次生命，而我……我闺女总拉着我问东问西的，搞得我心烦意乱……哦，哦，也许还有下辈子……唉，算了，我还是别做这个无聊把戏了……

一种思考心灵的方式

随着搜寻过程的继续，在意识较少的区域中或在意识层中出现的材料会进入意识中。弗洛伊德的意识、前意识和潜意识的心理地形说提供了一种思考方式。为便于说明，我将对它稍做修改。

将这三个区域理解成**聚焦－语言区**（focal-verbal）、**意向性－前语言**

○　当然，这个案例是压缩版的，但它非常类似于访谈进程持续 20 或 30 分钟后可能发生的情况。
　　如果读者想尝试这样的试验，需要考虑两点：首先，选择一个知晓并接受个人隐私可能被暴露的伙伴；其次，确保隐私和保密。

区（intentional-preverbal）和原始 – 意识区（proto-conscious）将对我们
更有帮助。若要用图像形式来帮助理解，我们会把这三个区域大致比作海
洋中的水层。与海洋的水层相似，这些区域的边界不是非常清晰，而是沿
着周围相互融合。

最顶层

聚焦 – 语言区的顶层由有意识的想法组成，这些想法以文字或非常接
近文字的形式出现。当有人问"你在想什么"，或者在熟悉的情境中，我
们自发地参与对话时，我们最容易从这个区域中提取信息。相较于其他区
域，这个表层区域非常小，但它是我们最容易意识到的区域。[⊖]

我们坐在那辆抛锚的车里，努力回忆是在哪个破汽车修理厂买的手摇
泵，但什么也想不起来，只对销售人员说我们对购买劣质的备用品这件事
感到愤怒。这让我们也想到了其他失败的消费行为。"讨厌，我太讨厌买
这些东西了，让我觉得自己好蠢！"

中间层

语言下面的区域要大得多，也复杂得多。这个区域可以被认为是我们
意识的**意向性**层面，由意图、冲动、目的和价值观组成，指引着我们的生
活。但这种描述不能理解得太狭隘。记忆、预期、身体感觉、幻想、关系
等也都是这个领域的一部分。

这个意向性层面是各种冲动相互作用、影响其他东西的大旋涡。有些
冲动是调节性的，有些是强化性的，还有一些是对比性的（甚至是对抗性
的）；有些相当稳定，而有些则刚刚出现。我们没办法有意识地觉察到任何

⊖　在理解这个心理地形图时，必须时常提醒自己去扩展这个比喻，我们就像在水里画线，
　　用虚构形式来表示可以被推测到的但无法直接观察到的事物。诸如此类的"虚拟框架"
　　对思考人类智能具有重要的辅助作用。

一个时刻里正在发生的一切。

事实上，即使是有意识地思考我们的想法，或准备把这些想法用语言表达出来（它们可不是同一件事），也是一种微妙而复杂的活动。此外，随着思考、倾听和语言表达的发生，更多的变化也被持续不断地注入这个区域。

这个巨大的中间层可以被认为是内在、纯粹的主观加工过程所发生的场所。因此，它是情感的源泉，具有与其他人深度联结的特性。然后，根据我们与另一个人的关系的性质，它的影响可能在内容、情感基调和普遍性方面有所不同。许多其他的影响因素也在这个阶段发生作用。其中最突出的是我们在听自己说话时的反射性意识，以及我们对他人听到我们说的话和对这些话的反应所投射的或实际产生的感觉。从这种意识中我们产生了对其他人实际所说的话的反应。

正如可以预料的那样，意向性层的顶层是那些刚刚进入语言层的材料，它们正处在被转化成语言的过程中。中间层是从来无法完全用语言表达的感觉和冲动，其中就包括我们自己可能也只能模糊地意识到的提示。意向性层的这一部分"渗透"到我们主体性的最深处，或者说原始意识区域。

最深层

我们意识的最深处不容易被直接观察到。我们的肌体运转、最原始的冲动以及我们不可改变的无意识的情感需求和活动都居于此处。这里也是我们可能拥有的任何超自然或超感观能力的地方。我们可以从自己和我们最了解的人身上感受到这个区域的一些性质，只能间接地推断这些性质。因为就其本质而言，这些内容是无法完全用语言表达的。

在心理咨询中，我们试图促成一种"渗透"的发生，使更深层次的材料得以被牵引到表面上来，就像在本章前面的"想象的访谈"中所展示的那样。在深深的担忧感的引导下，不断变化的意识品质将带来这种移动，并使更深层次的材料更容易获得。

搜寻是人类的一种基本能力

现在我们知道，弗洛伊德的"基本原则"利用了全人类共有的一种能力。这种能力在语言层之中和之下进行探索，因此帮助来访者发现更多内在的重要的东西。若只是直接问来访者问题，那么来访者不能发现它们。很明显，这个过程引起了材料向意向性层面的动态移动。确实，一些来自最深层的材料在语言层会变得能被理解。同时，对于训练有素、敏感的观察者来说，可能还能发现更多隐藏的材料。

生存的影响

往后退一步，我将把我所描述的内容放到一个不同的背景下，那就是人类需要找到解决问题的方法。生命本身的维持——无论是在原始的生活环境中，还是在现代科技世界里，都取决于我们如何处理遇到的困难和问题，也取决于我们发现的机会和取得的成功。这种动力是与生俱来的，它没有任何花费。当不需要努力维持生命时，人类的其中一项主要活动就是用游戏、拼图、运动或艺术表达等形式进行创造。所有这些都是对生命非常重要的搜寻过程。⊖这个过程不仅对我们生存是必需的，而且它本身也是有价值的。

所有的生命一直都需要被回应。就目前所知，在某些物种中，这种需要主要是由本能和条件反射来满足的。对于包括人类在内的众多物种，这个需要的大部分由条件反射、习惯和社会习俗来满足。但是，我们的系统的进化水平越高，对这种需要以非常难以预测的方式做出反应的情况就

⊖　可悲的是，这一领域可能是审查教育和艺术公共预算的负责人第一个缩减的领域，因为它被认为是不切实际的。

会越多。因此，作为所有生命特征的搜寻过程，就成为人类行动的特别载体。

担忧体验的重要性

总的来说，显然不是随机的冲动激发和指导搜寻过程。搜寻是有目的和有力量的。为了标记它，我使用**担忧（concern）**这个概念。这是一个常见的单词："我担心（concern）银行倒闭会危及我的存款""她这么做是出于对孩子们的担心（concern）""这不关你的事（It's no concern of yours），随它去吧"。不过，我要赋予它一个非常特殊的含义。

要把握担忧的本质，我们可以试着在阅读过程中停顿和反思：

此时此刻，我生命中真正重要的是什么？

花点时间找出一两个明确的答案（但不需要更多）。去品味担忧的滋味。这样做，你可能会发现它几乎总是具有下面描述的三个特征。真正理解这三个特征，我们才能理解为什么担忧这种主观体验具有如此强大的力量。

担忧概念的特征[⊖]

当我们去思考"担忧"这个词通常的含义时，以下三个特征可能是最突出的：

❋ 它意味着**某种程度的焦虑、担心、不安或压力**。它表明在这个

⊖　参见 Bugental（1987，pp.201-225）关于担忧的讨论和阐述使用它的访谈片段。

人的生活中有些东西需要注意，它未尽人意、令人烦恼——也许并不严重，也许非常麻烦。

❋ 担忧的体验是**面向未来的**。我们担心可能会发生的，而不仅仅是已经发生的；[⊖]担心要做或不做什么；担心在将来（下一个小时、明天、余生）什么是必需的或要求的。

❋ **一个人自身的力量感**（或与无力感的斗争）是其重要的一部分。当我们感到完全无能为力（例如，知道自己终将会死）的时候，以及当我们担心一些事情即将发生而我们确实有或者希望有一些控制时，在这两种情况下我们的情绪是非常不同的。力量感体现在一个人采取行动或放弃行动上，也体现在一个人用某种方式去做必须要做的事情上或被他人期待要去做的事情上。

担忧和搜寻的动员

担忧是唤起、激励和引导搜寻的过程。因此，它既是"指南针"也是能量来源。没有它，搜寻将沦为随机的、毫无目的的活动。

担忧可以是一个人生活中的任何事情（人际关系、认可、成就、衰老、金钱、健康和孤独等），贯穿生命的方方面面。

只要稍加思考，我们就会发现，当一个人的不安感与对未来的期待和对自身能力的认识结合在一起时，就有可能产生强大的内在动员作用。这种结合正是引发搜寻能力的核心，也是引导这一过程的关键。担忧使搜寻充满活力，它帮助人们认识到哪些与自己人生的核心议题有关，哪些与之无关。

⊖ 可以肯定的是，有时我们会在提到过去的事情时使用"concern"这个词。例如，"我担心我考试不及格"（I was concerned that I failed that test）。当过去成为担忧的来源时，就会有一种无意识的但可能不是总能用语言表述的"现在"或"将来"的因素（"所以我知道我必须在下一次考试前花更多的时间学习"）。

我们担忧的对象几乎涉及所有话题——身体健康、我们孩子开车的方式、国际局势，但除非担忧的三个特征都存在，否则这种情绪最好被认为是简单的担心、思虑、恼怒或焦虑。只有当我们开始评估自己在未来的某个时刻对困扰我们的问题做出反应的能力时，我们才有必要使用这里所定义的担忧概念。

担忧的四个维度

我们可以构想治疗性担忧（即为搜寻工作赋能的主体性动机）拥有四个重要的维度：痛苦、希望、承诺和内省。

痛苦表明了不适、压力或焦虑的存在，它们往往是促使来访者接受心理咨询的最有力的驱动力。

当然，**痛苦**可能具有多种形式，例如：无法令人满意地完成日常活动，担心，表现得孤僻或易怒。如我们之前所说的那样，去品味担忧时，其中的典型体验就是这一维度所表达的。

希望存在于寻求改变、解脱或更好的生活体验中。希望常常被焦虑的来访者压抑。因为当他们一细想，就会发现自己的处境是无法改变的（没有希望的），而这太让人害怕了。然而，希望虽然被否定和压抑，但几乎总是存在的。没有它，来访者就不会来到咨询室里。

承诺与希望有关，但也许同样难以取得。然而，显而易见的是，如果心理咨询工作想要继续，一些承诺是必不可少的。通常这意味着稳定的频率、准时到达、按时付款，以及最重要的，愿意参与到这个工作中——表达自己，回答问题，冒险去进行自我暴露。

内省是指愿意审视自己的内心，放弃抱怨他人或者环境。有时它对来访者来说难以接受，但又是必要的。除非准备好审视自己的情绪、记忆、愿

望以及其他所有存在于每个人内心的东西，否则心理咨询工作将无比艰难。⊖

内省对专注于此时此刻的心理咨询尤为重要。那些老是想着改变外部环境和其他人的来访者，显然是在回避心理咨询中出现的真实自我状态，这就没办法改变他们自身的生命体验。一般来说，当这种回避内省的情况出现时，咨询师主要做的工作是在早期将注意力重新引导至这种阻抗行为背后的能量上。

重要的是认识到（这甚至让人倍感欣慰）表面上的混乱背后有其潜在的秩序。⊜这使我们心安，如此一来，当我们搜寻时，就可以对"狂野的"、令人尴尬的或其他意想不到的冲动采取更开放的态度。那些最初看起来不相关的被激起的冲动，在经过更仔细的审视之后，可能会提供创造性的新方案，这种情况的确并不罕见。只要我们在各种变化中与我们的根本担忧保持联系，我们就可以有信心地允许甚至鼓励搜寻的自由活动。

绝望与搜寻

在萨特的《苍蝇》⊜中，俄瑞斯忒斯说："人类的生命诞生于绝望深处。"这是多么奇怪的想法！又或者说这奇怪吗？绝望，作为一种最终的失败和徒劳，所有希望都消失的可怕感觉，有可能存在一个积极的、充满希望的意思吗？

这正是试图在语言层下面工作的深度心理咨询疗法教给我们的东西。在搜寻的过程中，我们找到一个又一个面对生活的方法。当核心担忧的推动力很强时，我们急切地在这条曲折的道路上上下求索：常常怀着痛苦

⊖　基于 J.F.T. Bugental (1987, Chapter 11)。

⊜　在附录中，这种形式的心理咨询的第一个公理是"一切就是一切"，第二个公理是"无论来访者做什么，都是在工作"。这是一种坚持的方式，无论来访者做什么都有其动机，因此也是心理咨询工作的一部分。

⊜　Jean-Paul Sartre, The Flies.

和焦虑，总是承受着重压。我们与自己的阻抗做斗争，去思索不可想象之事，去发现未知面纱背后的隐藏之物。但有时，当搜寻似乎没有结果，当每条短暂却充满希望之路都在悬崖边突然消失时，搜寻变得更加疯狂。必须要做点什么。总不能坐以待毙。

这时，绝望可以激发更深层次的搜寻，从而产生重大的生命变化；有时，唯一能使这种变化成为可能的就是绝望。当一个人觉得自己无望地陷入危险或不想要的境地时，绝望就会产生。通常情况下，只有用尽了所有其他方法来处理他们的问题并且已经感受到绝望后，来访者才会来接受心理咨询。尽管这些来访者往往带着绝望而来，但他们的绝望本身会在他们做出的努力、在必要的搜寻中被证明是将带来成果的。

为了减轻绝望，我们扩大搜寻范围，考虑绝望的极端情况和令人恐惧的可能性，甚至好像已然跳出了良好的判断和理智的范围。现在，我们开始认识到——但同时又竭力不让自己看到绝望的黯淡的面貌。

一个我们当时常常意识不到的事实是，我们对目前定义自己是谁以及我们所在的世界的本质是什么的搜寻（很明显）已经受到限制。我们还没有找到一种不涉及某种自杀的答案[⊖]、一种不（对我们的生活方式）进行谋杀的方式。我们面对的是对我们看待自己和世界的方式做出根本性改变的前景。因此，为了避免改变，我们走到了绝望的地步，相信我们"没有出路"。

放弃，长久地逃避，是逃离绝望的代价。放手、放弃、投降，如此刺眼，如此苦涩。它们可能就是表面上看起来的那个样子，有时却暗藏惊喜。

真正的担忧具有强制性

这是一个很少被人注意到的问题：**当一个人体验到一个真正的担忧时，**

　　⊖　或真实的自我毁灭。

这个人就会针对它有所行动。选择的余地已不再有。深刻体会到的担忧要求人们采取一些行动，不管这些行动是有意识还是无意识的，可取还是不可取的。

当然，关键问题是，"这些行动"到底是什么。它们可能是明智的或可取的行动，也可能不是。不管怎样，这个担忧会导致一些行为。当真正的担忧扼住我们的喉咙时，我们不会也不可能保持惰性。

真正被动员起来的担忧**总**会导致一些无意识的反应或显而易见的行动，或者两者兼有。如果出路不是立即可见或为我们熟知，那么我们第一个采取的行动是更加努力地搜寻。

诚然，许多问题都有现成的解决方案，例如汽车俱乐部会派人过来，我们可以获得贷款等。但在其他不那么简单的情况下，在想出解决方案之前，会有一段激烈而绝望的担忧期。这是我们进行深层搜寻的时期。有时它会带来一个令人满意的答案，有时则好像一段穷途末路。

不对！

对于任何我们真正经历过的、对生命有重要意义的担忧，反应总是存在的。这不是某种波利安娜式[⊙]的盲目乐观主义。我们想到的解决方案可能是富有成效的，也可能是暴力和具有破坏性的，甚至会让问题变得更复杂。**但我们将有所作为。**

我们开着爆了胎的车，轮胎和轮毂破损不堪，但我们到了目的地；我们劈开旧桌子，用它来生火驱寒；我们把图书馆馆长痛打一顿；我们制定新的、更严格的家庭预算——无论我们最终做了什么，**我们总是会去做一些事情。**

⊙ 波利安娜（Pollyanna）是美国作家埃莉诺·霍奇曼·波特于 1913 年出版小说《波利安娜》里的主人公，她是个孤儿，童年很不幸，但她发明了一种游戏：不管遇到任何事，都能找到积极的一面。后来波利安娜主义一词就用作贬义，表示盲目乐观。——译者注

担忧如何唤起搜寻过程

当我们真正担忧时，我们是如何做出最终的行为选择的？当一个人冒着风险，尽可能完全地敞开自己的意识，并说出在那里所揭示的东西时，前路虽然是不可预测的，但依然拥有重要的指引作用。这种指引来自比意识和语言层更深的层面；它来自被动员的意向性。例如，在本章前面的"想象的访谈"中，回答问题的人利用对过去经历的回忆（"我不是一个好爸爸"）来驱动和引导他在当前（和未来）的担忧。

当我们对自己的生活给予这种关注，并坚持说出（或写下⊖）脑海中浮现的内容，不试图用评判去打断这个过程时，⊖那么我们更深层的需求和冲突就会被推向表面和意识。这个强大的过程当然是搜寻。它被各种各样的深度心理疗法所使用。

重要的是认识到，搜寻过程可为一个遇到了麻烦、有强烈动机的人提供新的可能性。搜寻带来的答案不一定是社会认可的或个人所希望的。动员起来的担忧之所以强大，部分原因是它可以超越惯常的、普通的思维和貌似可行的行动所带来的限制。

绝望是改变的推动力

当一个人被迫放弃他所珍视的自我认同的一部分，或者被迫放弃他一贯对世界的认知时，这个人就会面临存在的危机。放弃那些曾历经艰难时刻而存活至今的部分会使生命本身陷入疑问。当被质疑的自我形象是重要

⊖ 对于那些写任何东西都有一定程度舒适感的人来说，写作可能是一种简单的搜寻模式。书写的结果一旦帮助那些人处理一些问题，就可以被丢弃了，或者被保存起来以备日后审查，它们不是最重要的结果。这种认识的特点是释放一个人的内在资源。

⊖ 当然，说起来容易做起来难。当一个人在学习使用搜寻时，努力抑制自我评判会适得其反。相反，通过练习，我们学会注意到评判的冲动，然后打开意识去关注其他的东西。

的核心部分时，那种对旧的自我的否定体验可以被等同看作是一场自杀。或者，在某些情境中，它使得真实的自杀似乎变得更能被接受。

此外，让一个人放弃在未来有意无意地想成为的某个自己的可能性，是对这个人希望成为的那个自己的谋杀。它扼杀了一个人对未来的希望。

萨莉从小就梦想成为一个贤妻良母。当她嫁给蒂姆的时候，就像是梦想成真。他们过得很幸福，在两个孩子身上得到了深深的满足。后来蒂姆和两个孩子死于一场车祸。在整个葬礼的安排中，萨莉表现得那么勇敢。可是，一个月后，她试图冲到一辆开得飞快的卡车前面。

皮特曾经是一名非常成功的报纸记者和专栏作家。他的作品被广泛地刊登在多个媒体，他的版税开始预示一种完全不同的生活方式。然而，当他最近大部分的专栏文章被指控存在剽窃时，他的世界崩溃了。他被报社开除，并被所有其他出版机构列入黑名单。六个月后，当他终于开始戒毒时，他的生活一团糟，健康受到了严重的威胁。

迈伦是受到年长父母溺爱的儿子。他有过人的才智和雄厚的经济后盾。他混完了大学，在叔叔的公司找了一份不太费力的工作，在郊区过上了舒适的生活。然后他得了一种病，全身大面积瘫痪，不得不接受大量的、痛苦的作用又很小的治疗。在将近一年的时间里，他情绪低落，变得很难相处。

除了上面的例子，当然还有熟悉的方法根本不起作用的其他情景。这时我们可能会体验到可怕和同时带来解脱的绝望。这是一种代价高昂的自由，通常是用我们最珍视的东西换来的。否则它无从寻觅。

经过几年的心理咨询，萨莉找了一份图书馆职员的工作。后来，她回到大学，获得了图书馆学的学位，并在这一领域里开拓了一份持久而令人满意的事业。虽然她再也没有重获作为一个妻子和母亲的那种惊奇和快乐的感觉，但她确实找到了一种获得满足与平静的方法。

对皮特来说，他走了一段漫长的回归之路。这条路的标志就是不断地尝试写作，但总是以失败而告终。面对每一次失望，他都再一次求助于毒品和酒精来消除他的失落感。最后，疾病缠身、穷困潦倒的他放弃了写作，并在心理咨询的帮助下，通过零售业的工作过上了算是稳定的生活。

有点突然地，迈伦变得更能与家人和朋友相处，并辞去了自己的职位（之前一直为他保留着）。此后他把财力和精力用来帮助那些和他得了同样疾病以及那些比他更不幸的人。

正如这三个人的故事所体现的那样，与根本的存在议题的相遇会使人的整个生命都受到质疑。这种质疑是人的基本能力的一种形式，即感到担忧和进行搜寻的能力。

死亡的想法及其危险

很自然地，当我们明白了绝望的本质，就会发现正在经历绝望的人很容易产生死亡、自杀或其他暴力行为的想法。事实上，往往有一种"死亡"是一定会发生的。对于一个人此前一直存在于世的一些方式，某种暴力必须付诸行动。

要改变定义自我和世界的核心部分，就要"杀"掉所有的可能性。用"杀"这个字是否太过强烈呢？对此刻的我们（作者和读者双方）来说可能是的。但对绝望的人来说，它准确得令人痛苦。

绝望是充分利用搜寻能力的最终动力。绝望是聚焦的、强烈的担忧。对一些人来说，如果他们想要做出人生的重大改变，绝望是他们必须经历的考验。

结论

搜寻是人类反思能力的产物，是我们对觉察的觉察，对自我存在的意识。这意味着我们担忧的焦点在不断变化，永远不会相同。只要担忧的动力还在，搜寻过程就不会停止。[⊖]

需要再次强调的是，被激活的担忧会产生某种有意识的、言语化的又或者是无意识的行为：取得成就、逃避退缩、诉诸暴力、帮助另一个痛苦的人、自杀、精神错乱、掌握一个新的想法、生病、发明创造、改变生活，等等。这些行为本身将反过来影响过程，改变我们对当下情况的解读和接下来将做出的反应。

被称为"头脑风暴"的小组讨论无疑是人类开发搜寻能力的另一种方式。在科学、艺术和许多生活领域，搜寻在悄悄发挥作用，成为创造力的基础。

然而，正如前面所强调的那样，搜寻绝不仅仅是一个有意识的过程。即使不去注意，它也是我们日常生活的一部分，并且持续存在。一群八卦的人很容易找到打发时间的话题。说书人的故事来自每个人的口中。研究人员反复思考、寻找和发现新鲜的想法。在任何科学领域和普遍的艺术领域，一开始极为简朴的发现和创造最终变成复杂深刻的产物，这个链条记

⊖　熟悉混沌理论的人会认识到，这个过程与描述该领域中迭代的过程相似（甚至可能是相同的）。

录的正是由许多贡献者构成的搜寻。

　　从本质上说，创造力就是搜寻能力的运用。它不是少数天才的专利，我们每个人都拥有这种能力。[一]可以肯定的是，有些人在某些领域更有天赋：有的在音乐上，有的在图形艺术上，有的在文学上，有的在机械上，有的在人际关系上，还有的在其他领域。但除了天赋，我们都可以学会更好地利用这种能力。众所周知，一切皆有可能。

　　㊀　见 T. Sarason（1990）。

第 5 章 ————

支点：找到站立之地[○]

通过深思熟虑的假设促进咨询工作

  无论咨询师和来访者能否意识到，他们对咨询工作的期望都可能严重对立。虽然表面上这些期望常常能令人满意地达成一致，但在其他时候，则可能会微妙地或明显地相互冲突。咨询师的一个主要责任（这对咨询工作的推进也非常重要）就是事先全面考量自己的预期，而不是到了关键时刻，才突然发现那些本应给予关注的差异。

  这不是建议咨询师在可能需要解释的场合出现之前就明确地向来访者指出这一点。它更应该是咨询师自己进行的深思熟虑，使得这个稳定存在的面向能够一直隐含在她的工作之中。

————————

  ○ 与本章相关的材料在布根塔尔在 1987 年出版的书中第 12 章可以找到 。

阿基米德在宣布杠杆的力量时据说曾这样讲过："给我一个支点，我就能撬动地球。"安放杠杆的那个地方叫支点（pou sto）。支点是发力点，是工作落脚的地方，是干预的基础，它要坚实、稳固。咨询师需要一个坚固的支点。

咨询师必须考虑清楚她将如何与来访者进行工作。这意味着她需要对自己的意图、局限和可用性在一定程度上进行确定，也就是确定她会或者不会做什么，会说或者不会说什么，什么样的责任她会承担，什么样的责任她会拒绝。除此之外，咨询师需要考虑自己对来访者的期望是什么，不会从来访者那里接受的又是什么，以及她将在这些方面保持多大的灵活性。

认识到对于支点的刻板、僵化的坚持既不可取又没有治疗作用也同样重要。对以上问题已经形成成熟立场的咨询师，通常知道什么时候进行调整或做特殊处理是合适的、负责的和真正有治疗效果的。

关于不同支点的对比，我们大家都熟悉的例子是：一个只出于行政目的而做出正式诊断的专业人员，和尝试帮助来访者进行自我探索的专业人员。前者倾向于对来访者的客观层面（如无意识的动作、穿着打扮和思维的合理性）采取更抽离的、更指导的和更像一个观察者的态度。而后者对来访者的需求呈现出来的任何方向，采取了理解、支持和开放的态度。

换言之，重点又是**此时此刻的体验**，而不是单纯地关注信息的传递或接收。

存在 – 人本心理咨询的支点

我打算用下面的例子来说明支点的各项议题。其他咨询师可能会以不同方式来处理这些议题，因为这与他们对人性和心理咨询实践模式的理解是一致的。然而在我看来，这些议题本身可能是任何疗法都会遇到的。

每一项议题都将由下面的段落来进行说明，我在其中加入了人本主义的色彩。

总体概念

以下关于支点的说明建立在下面这个假设上：

来访者如何使用咨询时间，是其如何生活的有效样本。

来访者会把他的存在方式带进咨询室。尽管有掩饰、借口或指责，但来访者在咨询室里呈现的本来面貌，是我们称为来访者的自我 – 世界建构系统（如第 7 章所述）的唯一有效样本。这个系统无意识地定义了来访者自己以及他身处的世界。

当来访者被鼓励向内**搜寻**时（如第 4 章所述），他将呈现他是如何看待自己，以及平时他是如何看待生活中重要的机遇、障碍和需求的。在允许搜寻自由地发现碰触到的议题时，他也将遭遇困难。这些困难很可能与来访者现实生活中的痛苦密切相关。

换句话说，当来访者试图最大限度地利用咨询时间时，他所遭遇的困难可能也说明了他一般如何组建自己的生活，即展示了他的自我 – 世界建构系统的组成要素。随着来访者被协助充分地使用咨询时间去识别和探索这些压力，那些影响了生活的障碍将会减少或被克服。

有了这个框架，现在我们就可以检验支点的各项要素，看看它们如何决定了咨询师和来访者的位置。

来访者的真实处境

　　来访者是这样的一个人：陷在自己的生活中，尝试理解自己的经历，试图找到行动的方向，以及希望更加满足，减少痛苦。他做心理咨询，是因为想活得更加真实，更能实现自己的目标。当和咨询师，也就是和另一个人谈话时，来访者在某种程度上知道咨询师也处于非常相似的情境。在这个层面上，来访者也知道咨询师既不是无所不知的，也不是全能的。

　　来访者如何与咨询师交谈？与上面这个现实相符吗？还是隐含了一些扭曲？

需要明确的是，区分责任是中心，而来访者的自主性是基础。乍看上去，这似乎是理所当然的。然而事实上，尽管许多咨询师有着良好的初衷，但他们还是逐渐被牵引着去试图引导来访者的行为、态度和价值观。在外人看来，提"建议"只会出于人性或同类情谊。可正是这些善意的努力，会很容易转化为隐性的指示，甚至是要求。

我在这里提出支点，是为了劝告大家抵制这种诱惑。经验丰富的咨询师常常（令他们自己沮丧地）学习到，自己很容易就能培养出一种依赖感，从而阻碍咨询工作，并使咨访关系逐渐走上和一开始的计划非常不同的道路。

咨询师的真实角色

　　咨询师的存在，是在一个人努力获得更大的生活满足感时给予帮助。如果她能将自己的努力限定为完全不去干涉来访者如何追求这份满足感，有没有很好地使用自己的资源，以及怎样自我挫败，那么她就能把这份工作做到最好。咨询师不知道也不可能知道来访者的所有事情；来访者总是比咨询师更了解自己和自己的生活；咨询师不知道来访者应该如何生活、怎样做选择。咨询师只是经营自己的生活就已经足够忙了，所以凭良心讲她无法同时管理来访者的生活。不过，咨询师可以为来访者提供训练有素的觉察和严谨的干预方式——这两者都关注来访者如何为自己服务。这些都不是轻而易举能做到的，而咨询师会很乐意为来访者做这些。

咨询师关注的核心是来访者的自我管理方式，也就是他进行自我挫败的方式，以及如何利用自身的力量为自己争取最大的利益。在这里，关注的核心是**当下**，因为咨询师要**在此时此刻**辨识出来访者没有成就自己的方式。当然，"在此时此刻"是最关键的因素。只有在正确的时机下，即来访者做好了准备时，他才有可能在咨询师的帮助下，走上导向持久变化的内在旅程。

以上描述的主要意义

心理咨询师不是生活顾问，但可以为人们如何利用自己的能力去更好地指导自己的生活提供参考。当来访者使用自己与生俱来的能力、做着自己的人生功课时，我们可以成为他们的教练。

移情和支点

一个经过深思熟虑的支点会带来一个重要的益处：它为发现和评估来访者的移情和咨询师的反移情提供了基础。下面的例子将更清楚地说明这一点。

当一个来访者向我寻求一些建议时：是否要辞掉没有前途的工作，是否要同死缠烂打的追求者结婚，是否要与疏远的姐妹和好，或任何一个每个人在生活中都会遇到的棘手决定。这时，她正试图把我变成另外一个人：一个无所不知的预言家、慈祥和拥有无上智慧的父母。当一名来访者因为我不支持她的一些苦心设想的行动（通常她自己也不太确定）而对我大发雷霆时，当她哀求咨询师对她生活中的某人（她觉得这个人不会注意到她的努力）进行干预时（还有其他许多情境），来访者都在试图让我突破适合这个支点的角色，那么很明显，移情正在发生。

在评估咨询师对来访者的反移情方面，使用支点这一标尺同样有效。

　　苏珊非常想让咨询师觉得她是一个"好的来访者"（事实上，她想成为咨询师眼中"有史以来最好的来访者"）。有可能咨询师的第一个冲动是至少给她一些个人认可。她无疑是讨人喜欢的，而咨询师也确实认可她到目前为止在咨询中的良好表现。然而，如果他屈服了，对苏珊说"你在咨询中的表现真的很优异。我确实很少看到有人做得像你一样好"，那么他将破坏所有的咨询成果。这正是苏珊很想听到的，但这么说，就等于认可了她的努力：一直想要找到一个认同她的父亲。苏珊想要找到的，是一个当她自我怀疑（常常发生，就像她现实中那个爱挑剔的父亲对她做的那样）时，可以衷心依靠的权威。此外，她可能想逃避无情的超我（以她的父亲为原型）。

　　所以咨询师需要说："苏珊，我可以看到你多想得到我的认可，我也很高兴你对自己的进步感到满意，但我不认为它像打一个分数。我希望你能看看自己的内心，看看那里发生了什么，才让你有这种想从我这里得到认可的迫切愿望。"很可能苏珊还是会把咨询师体验为她那爱批评的父亲，但这仍给她留有空间，因为她也感受到咨询师有时候会是另一种样子。

因此，咨询工作也许有机会移向下一个阶段：揭示这种移情。

这个例子说明了移情和反移情往往是有联系的。虽然并非总是如此，但似乎在许多情况下，当移情或反移情的其中一方被唤起时，另一方也至少会被激发出一些互补性的冲动。[⊖]

在像深度心理咨询这样持续数月甚至数年、高强度而亲密的工作中，会有许多反移情的见诸行为和语言的诱惑。我自己体验过的最明显的有：当父母试图为虐待孩子的行为辩护时，那种想要干涉的冲动；来自有魅力的女人的亲密邀请；渴望去纠正一个狭隘的、自以为是的、牺牲员工的雇主；反复产生的安慰近期丧偶者的冲动（在某种程度上，对我来说这是最难的其中一种情境）。

必须明白的是：克制冲动的行为或语言表达并不等同于漠不关心或进行抽离。我将尝试用一个非常简练的例子来说明这一点。

玛塔突然被她的未婚夫和爱人吉尔抛弃了。玛塔一直盼望着他们的婚礼，可是吉尔抛弃了她，这一打击使她悲痛欲绝，怒不可遏。她现在正在哭泣，低着头，泪如泉涌，沉默不语。她茫然地向我伸出手。迟疑了一分钟，我接住她的手，轻轻地握了一下，然后松开。

"你这样的痛苦……和失望。"我说。

"是的，哦，是的，是的。"她抽泣着。手又伸了出来，但这次我没有碰。

⊖ 即来访者出现移情的时候，会激发咨询师反移情的冲动，反之亦然。——译者注。

我等了几分钟，然后说："意识到你和吉尔计划的生活已经不存在了，这真是太难了。"

她抽泣得更加厉害。她哭了一会儿，然后转过头看着我："你明白这对我来说意味着什么，是不是？"这里有一种隐含的诉求，不知何故，让人觉得她寻求的好像不仅仅是简单地被理解。

"你已经说了你的痛苦，但如果你还想让我知道别的，也说一下吧。"虽然有限，但是我在这里给了她一个回应，这不是她想要的。

"你能抱我一下吗？"她泪眼旺旺地抬头看着我。

"也许其他时候吧，玛塔，但不是现在。[○]你现在正在渴求一些东西，如果我去抱你，可能会妨碍你发现它。"

在这个例子中，移情和反移情都存在。玛塔寻求的不仅仅是对悲伤进行治疗性的探索；她想要即时的、个人化的安慰。虽然我有一种冲动想要更直接地安慰她，但我还是仔细地权衡了我的表现。我的节奏、语气和动作都试图给她一些她所想要的，但我也对它们设置了限制，并提示她重新回到我们的工作中。

为了清楚而明确地表明我对这类情况的一般态度，[○]我并不反对去握她的手，但我希望那是经过深思熟虑的，而且要有足够的延迟，以免让她认为这是一个冲动的举动，以及会变成我们常规工作的一部分。在和来访者工作的不同阶段，我握过女人的手，也握过男人的。这个动作是有帮助的，可以提供支持，但它需要经过考虑。我曾让来访者看见我同情的泪水，而它与治疗联盟的状态和当时的情境是一致的。如果玛塔让我感觉她

○ 对于合乎伦理但真正关心来访者的心理咨询师而言，这是一个困难的局面，在我的《亲密之旅》(*Intimate Journeys*，Bugental, 1990) 的最后一章中讨论了这个问题。

○ 关于治疗性剥夺和治疗性满足的讨论可以在布根塔尔在 1987 年出版的书中找到，也可以参考 1972 年出版的书。

仅仅想要一个拥抱，我也许甚至会抱她一会儿。我不想鼓励的是，在还没有更多觉察的情况下，她可能把我当成了吉尔的替代品。

当我的情绪来自工作本身时，这些情绪会是工作的有效部分。但当它们来自我自己的外部生活时，就不是了。这是一个简洁的公式，在现实复杂的治疗情境里，实际上却只被有限地使用。然而这是一个起点，负责的咨询师会评估自己的体验，考虑在多大程度上以及用什么样的方式把它们带入到工作中。

结论

心理咨询与其说是提供简单的支持或建议，不如说是将来访者和咨询师置于可能出现的内容、情感和关系的汪洋中。在某些情况下，正是这种巨大的可能性使得重大的、终身性的改变得以发生。但也正是它允许（有时甚至是培养）了破坏性的、有害的后果。

针对心理咨询师及其研究生培训项目，还有这之后的继续教育，都旨在帮助专业人员明确和获得在此种极端情境下关于自身立场的稳定性。美国各州的法律和专业协会的道德守则都是为了进一步强化这种控制。但是，任何培训、法律或守则都不能替代咨询师对自己的需求、冲动和价值观的深入探究，以便找到能给他们自己带来稳定影响的支点，找到支持来访者在咨询中取得最终获益的支点。

重要的是认识到，支点并不是一组禁令。从长远来看，更重要的是意识到，只有在一个有意义的框架中，咨询工作才能向前推进，对生命来说重要的成果才能获得。完全缺乏这种结构（包括它的限制和机会）带来的不是自由，而是一片混乱。因此，装在心理咨询师的工具箱里的那个经过挑选的、通用的和实用的装备，就是经过深思熟虑的支点。

Psychotherapy
Isn't What You Think

——— 第 6 章

启动治疗进程

帮助来访者珍惜此时此刻

支点是治疗工作的基础，[一]它确定了咨询师的基本立场，隐含在心理咨询的任何内容中。存在－人本主义的视角就建立在这个基础上，规定了咨询访谈的框架，从而使咨询工作向前推进。如果要使心理咨询这项工作既有自发性又有理想的影响力，就需要一个全盘小心考察过的设置。自发性并不与结构性相冲突，它依赖于结构性。没有结构，混乱就会产生。

[一] 如第 5 章所述。

这可能是众所周知的：当一个人第一次听说有心理咨询这个选择时，他的治疗就已经开始了。这场治疗通过从各种来源（小说和电影、朋友和邻居、笑话和恐怖故事、读物和学术文献，等等）收集的信息和听到的传闻，继续进行。"没有一个来访者是新来访者"，这句话应该不会错。

当然，这个潜在的来访者首先是怎样对他的咨询师进行了解的，以及他了解到了什么将很可能对他非常有影响，例如：咨询师是女性还是男性；是年轻人、中年人还是老年人；是什么种族和宗教背景的；是苛刻的、宽容的还是灵活的；费用是昂贵的、中等价格的还是便宜的，等等。当然，许多这样的细节只是匆匆滑过，但有一些（通常是那些尤其具有意义的）会留下来。不管来访者是否意识到，这些细节决定了他会选择哪位咨询师，并且决定了和咨询师在确定第一次咨询时间时他有多配合，以及他会对这个咨询抱有何种期待。

另外，总体来说，大多数咨询师的办公室布置得都差不多。但我在这里要说：如果咨询师准备和来访者**此时此刻**的体验进行工作，这种布置方式并不理想。[⊖]

物理环境及其影响

我所推荐的等候室和典型的布置方式不太一样。它是舒适的，却布置得很简单，只有几把扶手椅、几张直椅和一张"双人"沙发。墙上有几幅色彩柔和的装饰画。没有收音机或音响系统，也没有杂志或其他阅读物。一个简单的按钮开关可以让到达的来访者向咨询师发出信号。

⊖ 当然，咨询师并不总是能够决定接待室和咨询室的布局。尽管如此，牢记这里所呈现的理想形象可能会产生一些可能的调整。更为重要的是，这将会传达我所描述的工作的价值取向。

在某个时刻，咨询师和来访者可能会有机会谈论这种相当斯巴达式的环境。这样的时刻可能出现在咨询师得知来访者带来一些读物或者其他什么东西，以便打发等候时间。下面是这个讨论可能出现的一种情况。

约翰·多伊准时到达，按下开关让咨询师知道他到了，然后在其中一张扶手椅上坐了下来。他从口袋里掏出一本杂志，舒舒服服地跷起二郎腿，读了起来。当咨询师走到门口时，约翰犹豫了一下，显然还在想他刚才阅读的文章。然后，他快步跟着咨询师来到咨询室里。

咨-1：我接你的时候注意到你带了一本杂志。

访-1：是的。如果我早到了，我会做些什么来打发时间。很明显你这里什么也没有。

咨-2：我是故意什么都不放的。如果你带了东西，做你自己的事情，那么你就是在浪费自己的时间和金钱。

访-2：是吗？我不明白。那我应该做点啥？就无所事事地坐在那里等着，直到你准备好让我们工作？

咨-3：很明显你觉得只有和我在一起，你才能够工作。

访-3：如果你要这么说的话……我想不是喽。但我有很多属于我个人的时间，所以我没必要坐在那里感受无聊。

咨-4：你把和自己待在一起等同于感觉无聊。

访-4：不见得。（停顿）那你觉得我在等候室里应该做什么？

咨-5：嘿，约翰。你知道你为什么在这里，你知道我们是怎么进行

⊖　此处用来形容质朴、简单的装饰。——译者注

⊖　"John Doe"这个名字在英语里特指不明确身份的无名氏，相当于汉语中的张三、李四。——译者注

咨询工作的。你来回答这个问题。

访-5：好吧……我觉得我可以多想想我自己，多想想我为什么在这里。

咨-6：现在你知道了，当你来到这间办公室时，我们通常要花一些时间来帮助你真正地来到这里，进入自己的内心。

访-6：我明白了！为什么不把这段时间用在等候室呢？这样我们就可以早点在这里开始工作了。

咨-7：的确，为什么不呢？

访-7：明白了！很有道理。我下次试试。

咨-8：非常好。不过，当你这么说的时候，你打算在咨询结束后去做什么？

访-8：开车回办公室……哦，哦，我明白你的意思了。

咨-9：你想到了什么？

访-9：为什么我不花点时间来减压呢？我的意思是，停下来让事情沉淀一下也不是什么坏事，不是吗？

咨-10：现在你懂了。这也是我们不鼓励在等候区交谈和参观的另一个原因。

当然，上面的这个来访者像一般虚构的来访者那样，很聪明、有动力，而且反应敏捷。而在现实的实践中，咨询师会发现，一些来访者会反对这个建议，另一些来访者同意但很快就抛诸脑后，也有一些来访者只是例行公事地进行一点自我聚焦，这对他们在实际咨询中的状态没有什么明显的影响。（而且可能会使工作变得复杂，这是因为来访者会带着准备好的话题而来，这就妨碍了此时此刻的工作状态。）还有一些来访者真正采纳了这个建议，并取得了很好的效果。

初始访谈后的第一次咨询

初始访谈⊖（当然，它也有或者应该有治疗作用）之后的下一次咨询（在咨访双方其中的某一方或双方心中）是心理咨询真正意义上的开始，而且特别重要。这种重要性在于它的核心任务是向来访者介绍咨询时间将被如何使用，它很可能与来访者期待的不同——实际上，与文化的很多方面的期待都不同。表 6-1 总结了它与通常预期的对比。

表 6-1　这项工作与通常的期待有何不同

必须帮助来访者发现
* 一般来说，咨询师不会通过提问向来访者收集信息
* 来访者必须学会两项基本技能：①关注自己此时此刻内在的、主观的体验；②在从咨询师那里获得相对有限的信息的同时，将该体验尽可能直接分享给咨询师①
* 来访者必须学会认识到：思考和描述自己，与发现自己此时此刻的体验之间的重要区别

　　注：这些观点将在本章后面的案例访谈片段中进行说明。
　　①：一些心理咨询师和心理治疗师，以他们所认为的精神分析风格的工作模式，在与来访者工作时，经常并持续地保持沉默。据我观察，这很可能是对精神分析方法和对沉默的使用理解很差的一种表现。咨询师的沉默，具有广泛的人际意义和影响。我举其中的几个例子：有时沉默可能为来访者自己的工作提供了一种非常具有支持性的媒介；有时沉默可能是对来访者的挑战或斥责；有时沉默是咨询师缺乏同理心和技能匮乏的表现。

介绍这种工作方式

在初始访谈时，如第 1 章的第二次访谈中所展示的那样，咨询师通常会对来访者是否准备好接受和使用表 6.1 中列出的特征产生一些印象。这些特征将如何进一步发挥，取决于来访者的成熟度和可以承受的情绪节奏。从"来找医生，让医生告诉我如何解决问题"的完全天真的人，到愿意投入到**显然**是自我导向的内在探索的大学生（无论是否为其字面意思）级别的老手，情况各不相同。

　　⊖　如第 1 章的第二次访谈所示。

在这两种情况下，如果要建立起最佳的治疗联盟，一般来说有大量的工作需要做。[⊖]

这项工作有几个方面。最重要的是，监控来访者对这种看起来像是新的、令人不安的帮助方式的情感承受能力。当一个新的来访者带着紧张或焦虑来到咨询室时，让她跟随指示，用一种她预期之外的方式参与咨询，可能会引发更大的痛苦。在这种情况下，咨询师需要运用他的临床敏感性和同理心来调节这种传递。对这种情况特别有帮助的是，鼓励来访者以她自己的方式讲述她的故事，而咨询师只是偶尔表达对她讲话时此时此刻的体验的看法。例如，来看一下这名来访者的抱怨。

访-1：我已经一个多月没睡好觉了。我晚上太紧张了，就是放松不下来。

咨-1：嗯。其实你现在好像就有点紧张。

访-2：是的。肯定有紧张的感觉。我总是很紧张。我真的希望你能帮助我。

咨-2：你的希望也一直在你那里。

访-3：是的，但这对我没啥好处。就像我告诉你的那样：在办公室里，它就开始发作了，那真的很糟糕。为什么前几天……

咨-3：我要稍微打断你一下。你现在**出现**的紧张对我们的工作很重要。这意味着我们不仅限于去**谈论**你的紧张，而且我们可以就在这间屋子里与它工作。

访-4：哦，我没这样想过。所以我们要怎么做呢，就在这里与它一起工作？

⊖ 在相当多的情况下，来访者是一名以自己的方式进行咨询的同行，这种情况可能会比真正缺乏经验的来访者遇到更多的困难。

咨-4：当你告诉我，在你说话时你是怎么感觉紧张时，你就是在
　　　和它一起工作。

访-5：太惨了。这就是它的感觉。

咨-5：嗯。你可以只是倾听一下它。然后告诉我你感受到的任何东西。

访-6：好的，就像我跟你说的那样，情况越来越严重，我在办公
　　　室里真的越来越不能集中精力了。有一天……

于是来访者又开始**报告**自己的情况了。如果焦虑情绪很强烈，最好让
她得到一些宣泄，这样她将更容易接受必要的教导，而那很快就会发生。
这种教导的目的是试图让她认识到：**真正去**发现她自己的体验，和只是报
告她之前经历过什么或她对自己痛苦的看法，这两者的区别是什么。

另外，需要咨询师关注来访者的如下模式：①要求型（有时是敌对型），
他们要么要求事情立刻发生，要么要求事情按照他们的心意去发展（见下
文的访-B1）；②被动型，他们缺乏活力、过于被动，好像根本找不到东西
说（见下文的访-B2）；③健谈型，他们不停地讲话，很少或根本注意不到
咨询师的干预（见下文的访-B3）。当这些模式出现时，咨询师要将来访者
的注意力导向此时此刻。

访-B1-1：我告诉我丈夫我要来见你，结果他勃然大怒。我都以
　　　　　为他要中风了。他不是心胸宽广的那种人。当他冲动
　　　　　起来时，谁也不知道他会做什么。他看起来越来越
　　　　　糟，而且……

咨-B1-1：你说的你丈夫的事比你自己的还多，而且……

访-B1-2：（打断）是的，你真的应该知道我忍受了什么。有时候
　　　　　他真是太过分了，比如他中午回家的时候，我正忙着洗
　　　　　衣服和安排家长教师委员会的晚餐。老实说，他认为我

应该扔下所有事！他好像觉得我挺闲的，而且……

访-B2-1：我不知道该告诉你什么。一切看起来都是那么无望。

咨-B2-1：你有在告诉我什么——你觉得无望。

访-B2-2：（沉默）嗯，确实如此。我不知道还能说什么。你为什
么不问我一些问题呢？

访-B3-1：我已经好几个星期没有好好睡觉了，这简直把我的工作
搞得一团糟，所以我在所有事情上都越来越落后，我
想不出有什么办法能赶上来！这实在是太……

咨-B3-1：你只是在向我倾倒大量的信息，既不觉察你自己，也
不让我……

访-B3-2：（打断）嗯，情况非常严重。为什么就在上周我还在找
梅尔·威尔逊，他是我的主要联系人，有时他……

这些都是来访者避免更深入地参与咨询的模式，⊖对这些容易识别的模
式进行频繁但简单的确认一般会对咨询有帮助。如果这样做还算顺利，那
么逐渐地，可以对这些阻抗进行更即时的揭露，并伴以偶尔的、非常简单
的指导。不过，在所有这些模式和其他相似的模式中，咨询师的敏感度和
节奏感是帮助来访者发现更多自己的内在过程的关键。

下面是一些识别阻抗和随后给予指导的例子。如果它们被恰当地应用
到来访者身上，将会带来帮助。

⊖ 从技术上讲，这些来访者的努力可能被称为阻抗，但重要的是认识到，这些只是咨询
工作中出现的偶然性的障碍。更重要的是，因为他们看待自己的方式和看待自己生活的
方式受到了威胁，来访者会避开内心的搜寻。请参见第 7 章和第 8 章，以了解关于这些
过程的更多信息。

你的压力太大了，以至于我告诉你的东西你很难应用。但是，如果我们要缓解这种压力，我们就得学会合作。

很明显，对你来说，谈论对你重要的事情是非常困难的。我将和你一起等待，直到你今天能谈一些对你来说真正重要的事情，但同时试着学习把注意力放在你的内在体验上，它此刻就正在运行着。然后，当你准备好了，就可以说一说它。

我要打断你一下。（语气非常坚定）我希望你能安静下来，试着去看看现在你真正想让我知道什么。（停顿一下，接着更有力地说）不，你开始得太快了，没有真正检查你的内心。我珍惜你在这里的机会，让你的生活变得不一样，当我认为你只是在告诉我**关于**你自己的事情，而你没有真正倾听你内心的时候，我会一直打断你。

还有另一种来访者的模式需要咨询师去处理：那些经常感觉受到训斥的来访者。即使咨询师（直接或间接地）准确地反映了来访者的**真实**体验，可来访者显然会把那个回应听成是在指出她的错误。

咨-B4-1：你说这些话时，听起来很生气。

访-B4-1：嗯，我想我有权利生气！

咨-B4-2：你觉得我在说你没有这个权利？

访-B4-2：对我来说确实是。（委屈的语气）

咨-B4-3：（咨询师首先进行了自我觉察，看看是否真的对来访者的回应有批评的情绪，然后没有发现⊖）我刚刚花了一点时

⊖ 在这个节骨眼上，保持头脑清醒是绝对必要的。如果有挑刺的因素，咨询师会说："我刚回看了自己的内心，你是对的，我说的话里有挑刺的成分。这不是我想要的感觉，但有时确实会发生。不过，我现在想让你回到你的内心，看看你能找到什么。"

间，来看看我是否真的有批评的感觉，但我感觉没有。你

能不能也感受一下，看看你现在的感觉是什么样的呢？

访-B4-3：（快速地）不，我没有。

咨-B4-4：你回答得真快。你似乎很难花时间真正倾听自己的内心。

访-B4-4：你现在又在挑我的毛病。

咨-B4-5：除了挑你的毛病，你似乎很难听到我为了帮助你所做的
努力，不是吗？

访-B4-5：你看！你看！你又来了。

咨-B4-6：是的，刚才那次我是挑了你的毛病，就像我现在一样。
你为了指责我而没有去跟随你自己的体验。它说明了
有时你也会在生活中迷失方向。

当然，如果只是原封不动地照搬这些话，又或者在没有事先努力带动来访者有效地参与咨询和建构对话性的场景时，就把它们塞进对话之中，那么这些指导不会产生丝毫用处。

评估来访者对咨询师干预的接受程度

不管是有所作为，还是保持无为，咨询师必须对两个至关重要的变量保持敏感：来访者和咨询师之间的**治疗联盟**的状态，以及咨询师的任何工作将进入的**情境**。除此之外，具有相同技能和敏感性的咨询师在个人风格上的差异很大，也理当如此。从根本上说，心理咨询是两个人共同参与改变生命的事业的艺术产物。

有些咨询师喜欢在第一次治疗访谈的早期就进行一些直接的教导，在某种意义上设定场景或"基本规则"，并提供参考标记，以便在需要时和来访者重新回到该处。另一些咨询师则选择只在最相关的时刻才做这样的

教学。每种模式都有各自的道理。也许最好的方案是回到来访者对问题的接受程度上，让它来决定时机。

一个进行早期指导的例子

来访者（以下简称"访"）：阿诺德·艾姆斯

咨询师（以下简称"咨"）：海伦·弗雷斯特

阿诺德今年 37 岁，是一名注册心理咨询师，[一]他因爱人死于艾滋病而悲痛万分。他说他找不到生活的意义，但否认有自杀的想法。他觉得自己做咨询的效率不如以前了。

第一次咨询显示，他有过两次相对短程的咨询经历，他认为这些咨询"有用但太浅"。他希望有人帮助他"更深入地工作，找到（他的）忧郁的真正根源"。

访-1：今早到这儿的路上，我就在想我应该多告诉你一些我母亲是怎样溺爱我的。我想这可能会让我过于以自我为中心。你觉得怎么样？

咨-1：阿诺德，在我们开始一起工作的新阶段前，现在我想做两件事。首先，我想回答你的问题。然后，我想谈谈我们需要如何合作。

访-2：好的，很好。我只是觉得这件事很可能是我很多问题的原因。

咨-2：是的，我明白，我很高兴你能考虑到我们工作的需要。然而，有一点很重要。我想你说的是一种非常合乎逻辑的可能性，但它其实有点麻烦：逻辑上讲得通，但未必是事实。

[一] 以一名咨询师作为来访者为例子来说明，这种心理咨询方式对许多专业人员来说，可能也会像来访者一样会感觉到出乎意料。

访-3：哦，我知道。但它可能是个引子……

咨-3：（打断）我要打断你去讨论像这样的引子，并利用这个机会
来谈谈我认为我们怎样合作才最有效。

访-4：是的，请吧。只是有这么个想法，而且……（他不好意思
地咧嘴一笑，打断了自己的话）

咨-4：你是个心理咨询师，阿诺德。你像任何人一样清楚，我们
所做的几乎任何一件事可以有多少种可能的解释。（当阿
诺德准备发言时马上继续）所以我们不能仅仅依靠逻辑上
的可能性。我们需要进入更深的层次，**去体验**我们的行为
模式，而不仅仅是把它**想明白**。

访-5：（思考）是的，我明白你的意思，但是我们怎么做呢？我是
说，我愿意尝试任何事情，但我不知道……

咨-5：花点时间感受一下你的内心。你感到困惑，有点好奇，可
能还有点怀疑自己能否做到我建议你做的事情。这样说
对吗？

访-6：是的，除了它让我想起我上学时总是在理科上遇到困难，
而且……

咨-6：（打断，面带微笑）你刚才想到了它，对吗？我的意思是，
你不用非得理出头绪。它只是自然地出现了，因为你有所
感觉，然后想到了它。

访-7：嗯，是的。你看，当有人试图向我解释的时候，我总是有
点担心自己听不懂，而且……

咨-7：（很快回应）是的。这种联系是以同样的方式出现的。它只
是自然而然地出现了。

访-8：你是说，我不用费劲琢磨什么？我只是突然就知道了。（感

兴趣地）我从来没有那样想过。是的，它好像就是某个我
已经知道的东西。

咨-8：这和你推测你妈妈对你的溺爱的做法很不一样！

访-9：没错，但你看，我知道我刚才在想什么，有什么感受，但
我不知道……等一下！让我看看我能否感觉一下妈妈和她
对待我的方式。（两个人都沉默了一两分钟。阿诺德闭上
眼睛，从他的脸上可以看出他正在全神贯注。然后他睁开
眼睛，慢慢地、迟疑地说）

访-10：嗯，我想可能是这样，但我不是很确定。我总是分心，
担心我有没有做对……想你刚才在想什么，我是不是打
断你太多次了，还有……

咨-10：阿诺德，你所认为的"分心"，正是我想帮助你认识和重
视的。它们是在你所关心的事物中出现的鲜活的意识。
这就是我们想要帮助你识别的和讨论的更多的东西。

访-11：是的，是这样的，但是为什么我不能对妈妈溺爱我这
个问题有一个清晰的感觉呢？看起来它应该是重要的，
而且……

咨-11：阿诺德，重点是你需要进入自己的内心，而不是为了达
到某种程度的了解而去检测自己。你进入到你的渴望中，
希望找到一些有意义的东西，而不是进入到你和母亲的
关系中，或是进入到被溺爱的感觉中，或是进入到任何
带来了上面那些想法的东西中。此外还有一点很重要，
你必须花时间进入自己的内心，而不是像翻书一般去翻
阅你的主观体验，然后发现全都被你翻完了。

访-12：（失望地）嗯，那我要怎么做呢？

咨-12：你现在就在做。没有"怎么做"。这是你进入内心的自然方式。在开始时，如果你首先能真正地把注意力集中在自己身上，那会对你有所帮助。然后，你去倾听在那个时刻对你来说重要的事情，而不是像对待一台机器那样去操作自己。

访-13：（不确定地）是的……我想是的，但是……

咨-13：你现在想到了什么？

访-14：我不知道。我是说，我不确定我是否明白你刚刚告诉我的，而且……

咨-14：没关系。当你告诉我，你不确定你是否理解了我时，你就是在做你的工作。当你不能快速找到一个答案时，你就有机会发现一个更深层次的和不太熟悉的答案。

我们将把阿诺德留在那里，他模模糊糊地感觉到有人在问他一些奇怪的、意想不到的东西。顺便说一句，这是一个非常准确的感觉——尽管阿诺德会发现这个事实甚至更加令人惊讶。有时告诉来访者这些话是很有用的："困惑是你的朋友，这意味着你没有在使用你熟悉的习惯。所以困惑有机会让你看到并做出全新的反应。"

这些消除来访者疑虑的话经常会增加来访者的困惑。前进吧！

航天服的必要性

我们的自我 – 世界建构系统

　　一种看待深度心理咨询的本质的方式是把它想象成一个人对自己的身份和所处环境世界的特征的彻底反思。这种反思是为了以后的生活能过得更满意。当然，每个人反思的彻底程度会有很大的不同，但即便是最为简单，即只试图促成一些有限的、表面的改变的治疗，也会在一定程度上涉及这种反思。本章提出的观点是：这种心理咨询会使来访者的生活体验发生重大、持久的改善。

在我看来，近些年来最了不起的人类功绩之一，是哈勃空间望远镜的维修——那个令人惊讶的、在天空中旋转的眼睛。我对这个故事的记忆是下面这样的。

空间望远镜是一种绕地球运行的大型复杂仪器。当它第一次被投入轨道后，人们发现原来的镜头没有达到要求。因此，正如一名记者所说，它"必须配上新的镜片"。这个任务可不简单！

据我所知，哈勃空间望远镜大约有一节火车车厢那么大，以每小时17 000英里[○]左右的速度在太空中飞驰。想象你被要求去抓住一辆以那样的速度移动的车厢，而且不仅要抓住它，还要操纵它与航天飞机的舱门对接！幸运的是，我们已经开发出了一种对接工具来简化这一具有挑战性的任务。

但是对接工具不起作用！

因此宇航员的任务变成了**徒手**抓住正在运行的车厢，然后把它与舱门对接。的确太空中没有重量，但确实存在惯性。这意味着，如果一只手被夹在高速行驶的望远镜"车厢"和舱门的外壁之间，那只手和那个人就会被立即撕碎。

但是宇航员做到了！他们避免了灾难，纠正了光学故障。

他们抓住了望远镜，把它从轨道上拉下来，小心地把它放进舱门，做了更换，把它从航天飞机上拿下来，然后放回轨道。这是一个几乎不可思议的成就！

现在，我们定期收到人眼从未见过的图片和景象。通过维修后的哈勃空间望远镜，我们对我们生活的宇宙的知识有了极大增长。

这一科幻式的伟大胜利是许多因素共同作用的结果，其中一个因素在这里尤为相关：航天服。这些看起来大而笨重的属于20世纪末的盔甲，

○ 1英里≈1.6公里。

保护了穿着它的人们，使不可能成为可能。

这些航天服使宇航员的工作成为可能，同时**这些航天服也限制了宇航员的能力**。

航天服造成了限制，正如提供了空气和营养的脐带，也正如航天飞机的固体外壳。一个穿着航天服的宇航员也许能做一些惊人的事情，但穿着航天服，他却无法挠他正在发痒的鼻子！航天服确实使某些事情成为可能，但它也确实使其他一些事情变得不可能。

这是一个如此容易被人遗忘的基本真理：**那些成就你的东西也会限制你**。

宇航计划的另一个组成部分，即"自由落体"体验，再次强调了这一真理。如果一个人处于零重力的状态，不能接触任何东西（比如另一个人、墙壁、地板、天花板），这个穿着航天服的人是完全无助的，也是完全"自由"的！同样地，一个穿着航天服的人，如果没有任何绳索系着就漂浮在飞船外，即使他离飞船只有一两米远，也会陷入致命的、完全无法自救的状态。

只有当有东西可以推或者拉时，某种程度的运动才有可能发生。再一次地，我们得到一个相似的教训：**完全的自由导致完全的无助**。

每个人都必须有一件航天服

没有航天服，无论是作为读者的你，还是作为作者的我都无法生存。如果我们脱下它，不可避免的结果将是切实的精神错乱和灾难。当我们简单地试图改变它时，我们是在改变并且危机那些使我们的生活成为可能的东西，那些使我们的生活运转良好（或不良）的东西。

这是一个隐喻吗？当然了。夸张吗？一点也不夸张。

每时每刻，我正在写作的**这一刻**，你正在阅读的**这一刻**，环绕在我们每一个人身旁的是空间，空的空间。这不是物质宇宙的空间，它是心理可能性的空间。

你可以反感地放下这本书，拒绝再读下去；可以停下来做笔记，以备将来参考；可以把书从最近的窗户扔出去，这个窗户很可能是打开的；也可以继续读下去。

当然，还有更多的可能性。你可以站起来，走出你现在所在的房间，继续走出大楼，沿着街道走下去，最后可能去了一个朋友家。你可以做所有这些事，但不去找朋友。你可以把藏着的枪拿出来，拦住一个开车的人，抢了他的车，然后永远离开这个国家。你可以……你可以在无限多的可能性中，选择任何一种。

（既然你还在看，我还在写，那我们选择的是继续，至少目前是这样。）

空间一直存在：下一秒你可能会收到信息，说有一个你已经想不起来，甚至都没听说过的远房亲戚在死后给你留了十万美元；或者是没有任何你可以想象到的理由，警察包围了你此时此刻所在的大楼，要求你投降；一个抢劫犯可能会突然进入你的房间，或者进入你房间的是你最好的朋友（或者是一个完全陌生的人），进入你房间的这个人将彻底改变你的生活；又或者，你像平常一样接到一个喊你去吃晚饭的电话。

我们的内心和我们周围，都存在着空间、虚空和无限巨大的可能性。然而每一刻，我们都将许多这样的可能性遗忘了，这是因为我们有意无意地选择让某事在下一刻成真，然后我们继续选择，不断地选择……

我们周围的空间是开放的，直到我们选择做或不做什么。可能性总在我们的掌心，在下一个瞬间和它随后的瞬间，都仍有更多的可能性——永无止境，无穷无尽。大多数时候我们对此都没有注意，大多数情况下我们在遵循熟悉的模式，但总是有其他的可能性。

我们为什么不把其他的可能性也考虑进去呢？因为那会打乱我们的计

划，影响太多人和我们自己的生活。

我决心写（读）完这本书。

"决心"但不是被迫——这仍然是一种选择。**哦，但我是被自己想要完成这件事的想法、被我的责任感、被我的……所迫**（即仍然是我的选择）。

或者我们会说："我不是那种会偷车，或会做你说的任何事情的人。"这仍然是个选择。当然，这个选择来自你如何定义你自己，但可能性仍然存在。

"不管怎么说，你不可能在抢劫完别人又逃跑后成功脱身。如果你去试的话，你会被抓住并受到惩罚。"这里发生了更多的展望：什么是可能的，后果会是什么。我们的想法总是会产生可能性，甚至是那些被我们宣告为不可能的可能性，这个过程常常是无意识的。这个世界允许我们杀死敌人吗？当遭到强烈反对时，我们是否必须装出一副漫不经心的样子？金钱是否比人品重要？是上学还是工作，哪个更明智？好的择偶标准是什么？我怎样才能让我的儿子比我过得更好？

我们定义自己和我们所在的世界的方式，就是我们所穿的航天服的一部分。如果我们以不同的方式定义自己，如果我们拥有不同的价值观，如果我们看到其他危险，我们当然会以不同的方式行动。问题本身是无穷无尽的，我们一遍又一遍地进行回答，却没有意识到我们的答案如何勾画出限制，并确定我们的航天服由哪些可能性来组成。

这绝不是否认每时每刻压在我们身上的非常真实的压力。这提醒我们，它对我们的实际影响，是由外部力量与我们的内在价值观、态度和需求相结合的产物。

重力无法抗拒，但我们能直立行走，飞行很长的距离（甚至飞到月球），建造高楼大厦，攀登悬崖峭壁。

报纸和新闻广播让我们了解到，有些人的航天服与我们大多数人的不一样：勇敢的宇航员、盗用公款者、获诺贝尔奖的科学家、连环杀手，以及人性的各种惊人的广度和丰富性。

有如此之多构成我们航天服的东西没有被我们意识到，也没让我们感受到我们做出了选择。"我是个男人"和"我是个女人"的含义大不相同，而这种差异在不同的文化中也是不同的。但即使是这些定义本身也在改变。也许对女性来说改变得更多一些，但两性定义的改变在全世界内都在发生。发生这种变化的可能性一直都存在，但现在接受变化的代价已经发生了改变。

我们会体验非常危险和逼近死亡（例如战争或自然灾害）的事件，或者经历让我们能意识到我们在做选择的同时，也能让我们意识到我们的生活将可能永久改变的场景（例如结婚、离婚、深度心理咨询、获得能完成的最高学历或成为父母）。这些事件或场景都拥有一个共同的关键因素：重大的生活变化要求我们意识到我们身上穿着的航天服，意识到我们定义自己、定义世界、定义好、定义坏、定义力量等方式。

而且它们经常但微妙地要求我们去（很奇怪地）意识到一件可能的甚至更难被意识到的事情：我们总是可以选择，以及近于无限的可能性。

我们意识到开放性可以导致创造力，也可以导致疯狂。创造性的艺术和最杰出的科学尝试是进入虚空的太空旅行。大多数人会停留在熟悉的地球附近，偶然有人会走得更远（注意短语"Far out!"[⊖]）。两者之间的区别是：一种是从已经被充分接纳的生活中渐渐远离，而另一种是突然进入一种奇怪的、创造性的，或者则是意想不到的生活之中（这可能发生在离婚、辞去长期从事的工作、接到临时通知搬到一个新城市的过程中）。

这意味着，在艺术、科学、人际关系等任何领域，每一个真正有创造性的步骤**都是**一次飞跃，**是**一场对于未知的冒险。在这片黑暗中没有确定

⊖　这个短语同时有最新的、激进的、远离现实的意思。——译者注

性。失败和成功的机会一样大。事实上，这往往是真正的创造性举动的标志。创造性可能就存在于其结果的不可预测性。

理性和科学告诉我们，从字面上和比喻上来说，可能性就是空间。可能性是无限的。乍一想，这似乎听起来很好："放学了，没人可以管我们了！"然而，进一步面对可能性和空间的虚无，可能会改变这种情绪。现在我们看到可能性太开放了，我们被迫寻求概率的庇护和可预测性的堡垒。"可能性"是一个诱人的词，它暗示着创新和发现、激动人心的创造。但它的另一面是令人害怕的无形。

对死亡的普遍恐惧在很大程度上就是对没有身份认同、没有可供感知的现实的恐惧。没有形式的存在是难以想象的。我们的自我－世界建构系统给了我们形式，从而给了我们身份认同、潜力、体验和对存在的投入。

如果确定性被否定，我们就会试图建立一些结构（我们越来越能够认识到这一点）：规则、法律、契约、习俗、传统，它们的可靠性近似于确定性。对环境稳定性的需求是基本的，就像我们在窒息时会疯狂地寻找空气一样。我们必须知道我们所在的房间会一直存在，明天会到来，我们所爱之人会为我们驻足等待，我们惯常的交流方式仍然管用，我们国家的货币制度是行之有效的，等等。

当环境结构崩溃，比如在战乱地区，或当一个政府被推翻时，或在一个发生了重大自然灾害（如飓风、地震、火灾或类似的造成广泛影响的灾难）的地方，出现了恐怖主义、英雄主义和可能导致的冷漠，我们就会感受到我们寄居其上的生活结构是多么脆弱、武断和短暂。

在一个更个人化的视角下，配偶或父母突然死亡或抛弃我们，丢掉干了很久的工作，一个经济稳定的家庭遭遇彻底而又意外的破产，这些以及类似的个人灾难会让我们突然意识到，我们是多么不假思索地依赖于自己看待世界的方式，以及把曾经的自己视为永恒。

自我 – 世界建构系统[⊖]

我们在生活中面临的问题不会等着我们做一番研究，然后再拿出最佳的解决方案。实际上，我们总是采取试探性的行动。据说帕斯卡尔就曾经说过："你别无选择，你必须下注。"

尽管它们都是一些临时的答案，但随着年龄的增长，它们会成为我们自身的更稳固的部分。实际上，它们会成为我们的**人格**，以及成为我们表达自我、促进自身利益、与他人交往、保护自我和我们所珍视的东西的方式。在众多概念中，"成熟"的意思是，在这个世界上拥有一种足够稳定的自我存在方式。到了那个时候，我们的许多答案已经非常牢固地确定下来，以至于它们将形成我们在思考问题时的想法。也因此，它们将会形成自证：我是一个人，而人是现实的，因此，我是或者必然是现实的。

这整个过程较少被言语化。其中的大部分内容只会被我们部分地意识到，甚至完全是无意识的。只有随着年龄的增长或生活环境的变化（例如，遭遇悲剧或重大损失），我们才会被迫反思并开始认识到我们已经在很大程度上承担的人生使命。

成长，成为自己的生活中那个特定的人，这包括形成一套相对稳定的定义：自己是谁，世界是什么。在我们的主观经验生活中，我们一生都致力于此项任务：创造我们的世界，找到自己在其中的位置。从许多来源当中，我们收集材料，进行这项不朽的、可被称为塑造生命的工作。我们的父母、其他亲戚、朋友、老师、媒体和其他许多人都在贡献这些材料，但每个人（有所意识但不多地）都在独自编织着自己独特的生命。

⊖　见 Bugental (1987, pp. 193-195, 238-240; 1990, pp. 325-328)。

当然，突发事件可能会毫无征兆地发生，使那些看起来已确定无误的东西重新被我们质疑，或者要求我们进行大范围的调整。想想那个从马上摔下来，导致全身瘫痪的英俊的电影明星；想想那个寂寂无闻，却突然获得普利策奖的诗人；想想那个丈夫在车祸中丧生，却还努力在事业和三个孩子之间取得平衡的年轻母亲；以及想想我们在每一天的新闻里会读到的其他故事。

这种设计是我们对存在提出的关键问题的回答：

比如下面这些关于世界的问题。生活中什么是重要的？什么会带来满足感？什么会带来痛苦和挫折？什么能使事情发生或改变？关系、金钱、地位、家庭、年龄、美貌等事物有多重要？

比如下面这些关于自己的问题。我真正看重什么？想要什么？什么会威胁我？什么是我不想要的？我有什么能力来影响发生在我身上的事？我应该如何与我重视的人相处，让他们欢迎我？我要怎样改变自己，才能给我带来更多的满足感和更少的失望感？

诸如此类，不一而足。

我们对这些问题的回答逐渐变得更加稳定，并且成为引导我们生活的地图。它建构了我们的意识，虽然只有部分被觉察，但它给了我们一种身份感、连续性和目的性。认识我们的人逐渐熟悉它。事实上，它就是他人眼中的我们。（乔西总是很体贴，布拉德是一个靠不住的人，珍妮特总是带来欢乐，海伦太悲观了。）

正是这种情况向我们指出深度的、改变生命的心理咨询的核心要求之一：咨询师要去支持来访者重新审视他在这个世界的存在方式，支持来访者为修正或拓宽指导自己的自我－世界建构系统所做的努力。

这听起来可能像是一项智力任务，但恰恰不是。

我们逐渐形成的这套自我－世界建构系统对我们的生活是如此重要，以至于它常常被认为是生命本身。"自我牺牲"意味着即使死期将至，也拒绝放弃定义自己或世界的某些要素，以便保留其他要素，例如：宁愿忍受折磨也不背叛自己的国家的勇敢者；和驱逐自己家人的警察对峙而被捕的反抗者；宁愿接受惩罚，也不透露逃跑的朋友的下落的年轻人。

由此可见，一个人的自我认知涵盖这些范围：从表面的、短暂的（"最近我喜欢下棋"），到更中心的（"我一直是个强悍的竞争者"），再到进入一个人的存在核心，以至于那被他们认为是自身的同义词（"我死都不会背叛我的朋友们"）。

重要的是认识到，这些自我－世界的认知，并不像我单独列举它们时所显示的那样孤立。一个为自己的兄弟而死的人之所以这样做，是因为他有一整套的关于自我－世界的认知。它们可能是这样的：

> 我是爸爸的儿子，爸爸总是那么有胆量……江湖行走很艰难……我现在必须坚强起来……我从来都不擅长处理威胁……语言不是很有力量的……我现在是不会做一个逃兵的……不会像我以前那样……老天是站在我们这边的……这些人（敌军）很卑鄙，肯定不会放我走。

经年累月，它们逐渐融合成一个彼此交织的结构。因此，在心理咨询中，或在朋友和爱人之间进行的深度分享中，当其中的一个面向被探究时，将不可避免地引出其他面向。在一场漫长而深入的谈话中，人们常常发现自己正在谈论的内容与该场谈话开始之时相去甚远。

我们已经看到，这种定义认知的结构便是自我－世界建构系统，它是生命的核心主观结构。我们编织的网，最终束缚住了我们，它给予了我们形式，使我们的生活成为可能，同时也限制我们。当我们搜寻时（如第 4 章所述），我们把这些网的一部分带到意识中。同时无意识地，甚至是毫无觉察地，也把其他部分展示出来。心理咨询师的职责就是确认来访者的自我－世界建构系统的某些要素，以便来访者有机会重新评估它们。这些要素已经变得几乎不可见，因为它们如此之深地融合在来访者的存在方式之中。只有具有同理心的"局外人"才能看见它们。一个非常简单的例子可以说明这一点。

访–1：我已经告诉她，我不会再忍受下去。我真的别无选择。我了解我自己，我怕她继续说下去我会崩溃的。

咨–1：你听起来很受困扰。

访–2：是的！我只是无法忍受她的讽刺或类似的事儿。我想……

咨–2：你不断地在强调你一直都是这样的。

访–3：当然啦！我就是这样的人。为什么我不强调它呢？

咨–3：坚持说你一直都是这样似乎很重要。对谁重要呢？

访–4：（停顿）对我！（停顿，反思）好吧，对你！（较长时间的停顿）那又有什么关系呢？我就是这样的人。（他的声音不那么肯定了）

咨–4：你现在在想什么？

访–5：嗯……嗯，我也不知道。你现在完全把我搞糊涂了。

咨–5：那是因为你给了自己更多空间。继续和现在的感觉待在一起，然后告诉我接下来你感受到了什么。

当然，这是一个关于来访者开始学会倾听自己内心的过分简化的例子。

现在，他或许能够收回自己的坚持，即"我就是这样的人"的态度。这将把他带向何方，以及他多快能够重新评估自己的自我认知，此时我们无法预测。

重要的是要认识到来访者的自我报告（"我就是这样的人"）和咨询室里出现的**此时此刻**的体验（他对于他就是现在这样，而不能是其他可能的坚持）的区别。倾听来访者关于自我 – 世界建构系统的口述报告是很重要的，但至少同样重要的是意识到在那一刻真正被呈现出来的是什么。

自由与限制

这个充满空间、危险和机会的领域为我们揭示了各种含义和可能性，为我们带来指示，使我们感到惊奇。举个例子：我们经常把"开放"和"自由"几乎看成是同义词，但是，对保护宇航员不暴露在完全开放的真空环境中这一不可妥协的必要性的认识，可能会使我们重新审视这个等式。理论上讲，从以上观念的转变，到认识到我们生活的方方面面都在向可能性敞开，这中间不过一步之遥。然而在鼓励着创新的同时，这也可能将未加防备之人引向灾难。

有时，我们可能会认识到维系世界的社会契约终究是脆弱的。虽然在某种程度上，它使我们过上想要的生活，但它也在其他方面限制了可能性。

如果一个社会没有限制的存在或没有被强制执行的规则，每个人都将变得无助。一条没有车道划分、限速，也没有出口标志的高速公路将是一个死亡陷阱。没有结构，混乱就会产生，像出去吃顿饭或者和附近的人交流一下这样的日常事务都可能变得极为冒险或者不可能。

我们已经看到，在限制不再被加入到日常秩序的社会中，上述场景的可怕代价就发生了，例如法国大革命时期的恐怖统治、一些现代的非洲国家、巴尔干半岛、美国的一些城市的暴乱。完全的自由给每个人带来的是完全的危险。

在一个人的内在，缺乏持久结构的类似状态会导致惰性、疯狂或者死亡。若一个人没有明确的自我定义，不知道，而且也没有践行自己的价值观，没有社会角色感，那么他将可能失去理性，表现出严重的混乱，就像我们见到的"杀人狂"那样，精神崩溃，需要被保护性监护，陷入紧张性昏迷，又或者失去在社会中生活的能力。

一个受损程度较轻，但仍然让人相当痛苦的自我 – 世界建构系统，往往出现在那些生活中离不开丈夫，然后因为离婚、离弃或因为丈夫的死亡而被抛弃的妻子身上。同样地，那些以工作为主要身份认同的男男女女，在他们被辞退，或者甚至在优越条件下退休时，可能将呈现出程度不同的混乱。

对一些人来说，死亡的出现似乎代表了自我 – 世界建构系统的最终瓦解。对这种解读的截然不同的两种反应反复在人类历史上出现：一边是绝望、退缩和疯狂，另一边是灵感、新的信仰和创造力。

然而，例如独裁统治国家的全面控制，对于受其支配的个人，甚至从长远来看，对于大多数执行这种统治的人来说，通常都是毁灭性的。20 世纪末我们目睹了世界上许多地方极权主义政权的苦难、毁灭和最终的徒劳。这些尝试失败的根本原因是，人性中最基本的一种不为人知却又不可阻挡的、持续不断地要求变革、求新、求多的推动力。这种推动力可以被看作**搜寻**的另一种表现形式。

自我 – 世界建构系统提供了应对可能性所带来的开放的方法。如果一个人有一种稳定的自我认同感，大体上知道自己能做或不能做什么，知道如何与一般人或某些特定的人建立关系，有一些目标，有（地理的和社会的）空间感，那么这个人就可以在无须不断测试边界的情况下，使用现在的这个自由度。

我们必须有航天服才能在广阔的太空中生存，在无限的可能性中生存。我们必须知道自己的能力和限制，以及知道如何在世界中生活。但是，如果航天服太过紧身，一种生命观念太过局限，那么生活将是毁灭性的，并且把人变成物体。在人类的心灵深处有某种东西，它反抗被当作物体。

对限制和死亡的赞美

我们的天性就是延伸、成长、探索和测试我们的极限。然而，在我们的本性中，也会恐惧绝对的无限。的确，有人可能会提出，创造力本身就是一种运用：调节开放性和有限性之间的平衡——当我们改变了限制时，也对我们的生活空间、可能性以及我们是谁提出新的定义。

因此，死亡作为未成形的可能性的本质，也许可以被理解为我们未认出的伙伴。它陪伴我们去创造在我们死后，仍将留给世界的东西——艺术作品、工程成就、地缘政治的创作、我们自己的孩子。

作为终极限制的死亡，正是我们遇到终极限制时通常会使用的概念。然而，死亡的事实却激励着我们去设想超越死亡，无论是通过灵性或宗教上的来世概念，还是通过创作实体的或概念上的作品。当我们作为创造者死去后，它们可能会继续存在。

理解构成我们自我－世界建构系统的定义和限制，在我们的生活中所起的中心和本质的作用，显然是深度心理咨询或改变生命的心理咨询的核心过程。

—— 第 8 章

生命建构的重要性和有限性

理解阻抗，并与阻抗工作

我们都明白，为免于宇宙真空环境的伤害，宇航员必须身着航天服；我们也明白，为免于面对可能性所蕴含的无限开放性和吸引力，我们也需要穿上各种保护服。我们是谁？我们是什么？世界是什么？它又是如何构成的？如果对这些问题没有清楚的认识，我们会感到无助——就如同婴儿不能控制自己的身体或其他东西一样无助，因为他们还没有形成自我–世界建构系统。

发展这种建构是生命最重要的任务，即所谓"变得成熟"。然而这是个持续终生的任务，而且如果我们足够智慧，我们就会了解，人无完人，因而我们也永远无法放下这个任务。

为了抵御可能性"潮水"的侵袭，社会提供了许多堡垒，甚至那些走上"反社会"道路的人也无意识地依赖着这些堡垒。如果每个人都能印钞票，那么制造假币就是在做无用功。如果诚信不是人们所共同遵守的准则，那么沟通和商业将变得更加混乱。如果武力是唯一的限制，那么我们的生活水平就会在类人猿之下，就不可能有文化的进步。

正如法律、社会公约和契约为我们提供了保护和约束那样，我们的自我－世界建构系统也在做着同样的事。社会中存在的各种形式的架构为我们筑起了一道道墙，抵御着一直潜在的无形式和无政府的"潮水"，抵御着所有人类社会关系中潜伏的混乱。而我们每个人的自我－世界建构系统，也在为我们抵御着在个人和集体生活中可能出现的混乱。

保护我们的航天服

我们需要航天服来抵御宇宙空间的绝对开放性可能带来的灾难性后果，因此我们也必须保护生活中的航天服，使之能够发挥自身的重要功能。我们以自己的方式定义自己和理解世界，这也成为我们活出自己的方式。通过识别诸如性别、年龄、关系疏远程度、教育和其他方面的培训、职业、业余爱好以及类似的描述性维度，我们得以确定我们自己和其他人的存在方式。

如今在美国，我们正努力不被一些明显相似的属性（如性别、种族和肤色等）所影响。有些人认为这些努力为每个人提供了重要的可能性，另一些人则坚持认为这样的尝试会给自己和他人带来损失。

我们会遇到很多危险和诱惑，这些危险和诱惑让我们想更换或者破坏自己的航天服。我们以各种方式定义自己和世界，这既让我们有了各种可能，也限制了我们。我们可以将这些方式看作对无序和社会混乱的防御，但我们也承认，它们发挥作用的同时也限制了我们的可能性。

我们捍卫我们以自己的方式去定义我们是谁、我们生活的世界是什么样子，但有时我们的防御实际上妨碍了我们的成长和改变。**阻抗**很重要，也值得我们去捍卫，但它也可能令我们弄巧成拙。

我们的航天服的一个重要组成部分是我们的自我概念。当我有机会利用一个本来是为比我不幸的人设计的税收漏洞，而我也倍受诱惑，并且很容易想到辩解的借口"每个人都这么做……没有人会知道……就干这么一次"的时候，是自我概念让我心生迟疑。

"没有人会知道"这个说法是不正确的。我自己是知道的，并且这个想法以一种微妙但持久的方式，使我更有可能再次违反我的道德准则。因此，我的航天服可能会出现一个小漏洞，就像宇航员的航天服有了针孔大的一个洞一样，它可能是致命的，也可能不是。但是，当"我知道"这件事被有效地探索时，这就可以带来我对自我概念的进一步发现和修正。

举一个我自己的例子。

> 我很遵守交通规则，但是信号灯变的时候我正在赶时间，而我在十字路口附近又没有看到其他车辆……（最后我要说无论如何我都会把车停下来。）

虽然通常我都会这样，在反思后我意识到我写下的东西很肤浅，而且具有欺骗性。换句话说，为了保护我自己正直的自我形象，我没有做到真实！

而现在，我正在考虑写出一个更真实的例子，与此同时我的内心变得更加谨慎，也不太愿意以这种方式展示出来。（承认这一点会对我的自我形象造成另一种压力，因为我常觉得我是个相当开放的人。）

> 我很遵守交通规则，但如果在信号灯变化时我真的很着急，又没有看到其他车辆靠近十字路口……我可能会迅速看看是否有交警，如果没有，我就会闯红灯。

现在我可以说："我是一个守法的公民，但我不是一个盲目崇拜法律的人。"不知何故，把这句话表达成"崇拜"会稍稍安抚我的自尊心。在这一点上，我有两种相反的感觉。我更真诚了（这使我的自我概念更愉悦），但我是以一种非常谨慎的方式（从圣台上走下了一个台阶），通过对这一切开诚布公，我收复了一些失地。同时这一切显得还有点幽默，并让我向另一个更高的圣台迈了一级台阶，而且显然我仍然继续爬。

这些与自我 – 世界建构系统局限性的斗争也不仅仅是个人的。我们的家庭、雇主、公司、机构都在面临和应对各种各样类似的挑战。公众所熟知的组织似乎总是对外界有一个形象，对自身成员又有另外一个形象。公众的容忍度有限，使得这种两面性不得不继续下去。然而，公众也喜欢各种丑闻，因为它们揭示了表象背后的真相。

换句话说，一个人的自我 – 世界建构系统一方面受到生活与环境的冲击，另一方面又受到绝对真空的威胁。虚空的吸力，总会以某种方式存在着。

什么是阻抗

从某种意义上说，**阻抗**就是我们保护自我 – 世界建构系统的方式。但自我 – 世界建构系统也在保护我们免于遭受灾难和无形式可依所带来的伤害。我们把这个系统的存在太视为是理所当然了，以至于我们很少认识到它还有更深层次的作用。那些陷入无政府主义、恐怖主义、暴乱和类似社会结构系统崩溃所带来的混乱之中的人，或者那些精神病式狂怒的人，都生动地遭遇了我们所有人对现实的共同定义的终极依赖，无论这些定义有多么武断。甚至"精神病式"（psychotic）这个形容词也是在暗示，描述对象已偏离了我们对现实所做出的共同定义，以及我们对可接受行为或文明行为所持有的普遍实践原则。

但我们需要这样的保护，并不仅仅因为存在这些外部威胁。我们还需要在我们自身的存在之中感受到内心的安稳。自我 – 世界建构系统为这种安稳提供了核心。当心理咨询对一个人的建构系统的某些方面提出质疑时，那这个人几乎肯定会或有意地或无意地抵抗这种疗法。因此，咨询师必须认识到，阻抗不仅仅是一种对抗，也具有保护功能。这背后的事实是，每个人都有一些阻抗来保护自己的生活和心智健康，这对生命来说绝对是有必要的。

因此，那种未经过深思熟虑就认为来访者应该摆脱所有阻抗的想法，既天真又危险。当然，阻抗也可能会产生坏作用，这种情况也经常发生。这是我们在咨询实践中最熟悉的方面。但我们需要记住，我们遇到的这些阻抗有其必要性，并且甚至可能发挥出建设性的作用。

心理咨询中的阻抗可能表现为多种形式。表 8-1 列出了一些常见的阻抗。当你阅读这个"阻抗"的列表时，很重要的一点是你要提醒自己，这也是人类开始学会保护自己和尝试满足自己需求的方法。无论如何，这绝对不是对错误行为的罗列。当然，这些模式同样也可能对来访者不利，但这只是阻抗的一部分作用。

表 8-1　心理咨询中常见的阻抗形式

表层方面
* 不知道该说些什么
* 避免在当下表达情绪
* 试图取悦咨询师
* 寻求得到社会认可
* 盲目反对咨询师的解释

中层方面
* 努力成为一个好的（最好的）来访者
* 努力制造咨询师想要的材料（例如，梦）
* 低声下气地忏悔，带着强烈的羞耻感
* 让咨询师参与关于治疗系统和方法的讨论
* 对于心理咨询表现出过分感激

底层阻抗模式
* 反对咨询师，对抗情绪，敌意
* 收集所有不公正的信息
* 顺从，讨人喜欢，过于随和
* 大脑一片空白，用空白来逃避自己的情感或动机等
* 有惰性，过度依赖
* 过度理性，被逻辑束缚

治疗性访谈中的阻抗

正如我们看到的那样，在任何情况下都会有阻抗。这种阻抗可以被认为是对原始混乱的抑制（正如我们之前所展示的那样），但它的作用远不止于此。这种阻抗使高效利用每一种情况成为可能。

如果我们认为在治疗性访谈这样的场合中，来访者必须重新审视她如何理解自己以及她在这个世界的存在方式，并很可能必须修改其中某些重要的部分，那么很明显我们能够预料到来访者会出现某种程度的矛盾情绪。这种重新审视的确充满了善意，但在某种程度上必然会质疑来访者的存在方式。

来访者对治疗性工作变得非常投入，并热切地、欣然地参与到咨询中，这种情况并不罕见。在此期间，咨访双方将会进行大量富有成效的工作。

但在心理咨询的"蜜月期"背后，隐藏着一个发人深省的事实：如果来访者的这种状态始终如一，就应该质疑这种疗法是否真的在推动来访者朝着显著的生命改变和摆脱对咨询师的依赖而努力。[⊖]

这里要说在实践中具有重要意义的是，来访者能否从治疗中获得重大收获，取决于心理咨询能否帮助来访者真正发现自己生命建构的更多方面，以及这些生命建构是如何对来访者的生活造成限制或阻碍的。当阻抗妨碍了来访者利用治疗机会时，它就应当成为咨询师关注的焦点。这并不是说咨询师必须在治疗性访谈中，立即把它作为明确的话题。正如我将在后面的章节中所描述的那样，谨慎选择干预时机是与阻抗工作的关键因素之一。

那些把摆脱阻抗作为唯一目的的咨询师，错误地理解了这种普遍现象的意义，错误地理解了**与阻抗工作**的价值。任何一个真正"有深度的"心理咨询的核心特征就是与阻抗工作。[⊜]与没有阻抗的情况相比，当来访者的阻抗很明显时，心理咨询通常就更有机会触及核心的问题。

当来访者毫不隐瞒地对抗时，很可能是（但并不一定是）来访者的自我 – 世界建构系统的某些元素受到了威胁，并且至少其中的某些部分接近于意识层。因此，当来访者意识到自己有和咨询师工作的方向进行对抗的冲动时，我们就有了一个同来访者工作的机会。

片段 8-1

来访者（以下简称"访"）：查克·布兰查德

咨询师（以下简称"咨"）：比尔·沃森

访-1：你总是缠着我，要我告诉你更多的事情，而你似乎对我做

⊖ 许多有益的生命支持咨询方式，可以在如上所示令人愉快的条件下进行。然而，仍有必要将这种交流和那些最终指向来访者获得自主的努力区分开来，这些努力可以被称为"心理咨询"，甚至被称为"深度心理咨询"。

⊜ 埃德加·列文森（Edgar Levenson）认为，最真实的精神分析是病人（或来访者）和咨询师共同面对并修通他们之间的相互移情（阻抗）。

的事情从来都不满意。有时候我真想让你离开，让我一个人待会儿。

咨-1：有时候？

访-2：嗯，是的，反正有那么一点。我的意思是，你为什么就不能消停几分钟，让我冷静下来呢？

咨-2：但你没有和我说"消停"。

访-3：所以，你消停会儿。天哪！你是不是在拿我取乐子呢？我肯定是疯了，花着钱，遭着罪。

咨-3：你觉得现在是在遭罪吗？

访-4：是的。不是。我怎么会知道？你老是"骑"在我头上。我是说，你能不能歇一会儿，让我知道我在哪儿。

咨-4：查克，我可以这么做，但我觉得如果我这么做了，会让你失望的。

访-5：那就让我失望，让我大声哭出来。我现在很烦躁，不知道自己在哪儿，也不知道自己想说什么。

咨-5：你现在就在说。你说的就是你内心的感受。你是在由心而发，而不是像平常那样像个外人一样讨论**关于**你自己的事。

访-6：（非常挖苦地）嗯，那给我加油吧。现在先闭一会儿嘴，让我安静会儿找找自己。

咨-6：查克，我马上就安静下来。但我想让你认识到，你现在跟我说的话，比你仅仅只是报告自己情况有意义得多。

访-7：好的，好的。我知道了，现在请你闭嘴！

咨-7：（保持沉默，但期待地看着来访者，直到来访者再次开口）

访-8：（短暂的沉默之后）是的，好的。我猜我想明白了。

咨-8：你"猜"？

访-9：噢，可恶！你又来！不是，我不是猜。我就知道，可恶。

这是一名合作得相当快的来访者！当然，这是一次咨询的大部分甚至是多次咨询进程的一个非常浓缩的版本。重要的是来访者已经相当明显地意识到自己的阻抗。随后，对阻抗进行明确的处理，可能就足以将工作推进到更深层次。这种意识层面的阻抗是很重要的，对它的处理将为后期我们与更深层次和较少意识层面的阻抗进行工作做好准备。

咨询师对来访者的阻抗的反应

表 8-1 大致分为三个方面，说明了来访者反应的一些常见模式。最明显的形式至少总是在来访者的意识的边缘。当双方关系已就位，可以支持咨询师做一些更加积极的治疗干预（不仅仅是单纯地帮助来访者讲出自己的故事）时，咨询师就可以开始评论这些阻抗形式。

通常，只是偶尔以这样的评语开启工作是可以的。如果来访者看起来能够对它们加以接受并利用，那么逐渐增加频率和针对性可能是有成效的。

当来访者难以接受这种干预时，可能是她还没有准备好接受频次较多的评论。在这种情况下，咨询师可以引导来访者去注意她对自己的**担忧**有多大动力去改善，尤其是引导来访者去注意，这个动力是不是正在一个无力的状态上。那么来访者的**痛苦**⊖就变成了一件理所当然的事情，以至于任何具有真正改变作用的努力都不会出现。

把这些观察反馈给来访者具有双重目的：①使来访者习惯于让咨询师指出来访者在治疗中的隐性层面（而不仅仅是在内容上的处理）；②帮助来

　　⊖　痛苦是担忧的一种形式。第 11 章描述了来访者和咨询师的担忧的重要性和形式。

访者从更深层面转变到更加直接的情感反应。

访-1：今天我不知道我想说什么。你有什么建议吗？

咨-1：有什么原因让你不去觉察自己的内心吗？

访-2：哦，我可以这么做，但我只是想，你可能注意到某些事是我该谈谈的。

咨-2：你多么容易就把你内心的东西抛到一边啊！

访-3：哦，不是的。我猜你不想告诉我该说些什么，那么我就谈……谈谈上周我和妻子吵架的事。

咨-3：所以你就不得不想出一个能让我满意的事情，是这样吗？

在这一小段中，咨询师试图帮助来访者转向内在。如果这是第一次或第二次尝试，而来访者的反应类似上文中的例子，则咨询师最好在第二次评论后停止。另外，如果这样的谈话在以前发生过至少一次之后，则咨询师可以使用咨-3的回应（不过这种略带讽刺的表达方式对某些来访者可能不适用）。

另一种可能：如果这个主题以前就出现过，而来访者曾回避过咨询师的观察，那么继续以这种方式至少再进行几次交流很可能会更好。

咨询师的坚持（人际压力[⊖]）会逐渐增加。

片段 8-2

访-11：（抱怨的语气）你为什么从不告诉我该说些什么？你现在已经很了解我了，我不想浪费时间闲扯，你本来可以直接帮我找到我需要工作的点。

咨-11：你这是要让我成为那个比你更了解你自己的巫师啊。

⊖　参见布根塔尔于1987年对人际压力的讨论。

访-12：哦，这太蠢了！如果你对我的某些问题了解得比我还少，

我为什么还要来这里给你钱？

咨-12：你越来越生气了。把责任推给别人对你有多重要？

访-13：嗯，那是你的责任。

咨-13：不是。

访-14：不是？好吧，到底是谁对我们在这里做的事负责？

咨-14：是你。

访-15：那我还找你干什么？

咨-15：来告诉你这些。提醒你，这是你的生活，你对它负有

责任。

现在工作进入到第二个层面（如表 8-1 所示），在这个层面中，来访者寻求让咨询师参与关于治疗目的和方法的讨论。在这个阶段，我们可以看到一些早期迹象，表明大概率会发生的咨询走向：咨访双方将就来访者在其关系里对反对、反抗甚至公然的敌对（即第三层阻抗）等方面的依赖性进行工作。当然，要明确讨论这种关系联结（移情）还为时过早。认识到这一点真的很重要。

需要注意的是，来访者必定已经遇到了一个关键的主题，这个主题是关乎他自己建构生命的方式。他遇到了这个点是因为自己的动力，而不是因为咨询师指示他去处理这个问题。换句话说，治疗性交互是"实景真人拍摄"（live action）或者说是**真实发生的**，不是从来访者的生活中抽象出来的，也不是由咨询师主动带入到咨询工作中的。

像这样的阻抗模式，很少会因为明确的识别或指导而得到多大的缓解。想要取得持续增长的效果，最好是在咨询过程中来访者展示出阻抗，进而

在与咨询师坚定的、始终如一的修通中，遇见并且处理这个阻抗。为了说明这一点，我们会往前跳几个月（或许是一年）去拜访一下上文那些（假想中的）咨询伙伴。

片段 8-2（续）

访-101：那天你告诉我，我的脾气秉性就是我为人处世的方式。我想了很多，我认为你百分之一百二的错误，像平常……（停了下来，闷闷不乐地坐着，凝视着天）

咨-101：你刚才打断了自己。怎么了？

访-102：哦，那不重要。不管怎样，我想知道你为什么总是……

咨-102：（打断）你急着要把你刚想说的东西都藏起来。来吧，你最好把它说出来，这样我们能去处理它。

访-103：（不自在地、不安地动了动）哦，其实真没什么。

咨-103：我们要不要花 20 分钟来争论这个不重要但被中止的问题呢？

访-104：唉，烦死了！（停顿，鼓足了劲）我只是开始说"像平常那样"。你知道的，我就是有点紧张。我这样说并没有什么意思。

咨-104："什么是"像平常那样"？

访-105：你没完了，是不是？（停顿，等待）哦，好吧，我刚才说你错了……

咨-105："百分之一百二"的。

访-106：是的。所以你确实听到了我的话。

咨-106：我一直以来都在认真听你讲话呀。

访-107：（冷静地）我知道你在听。

咨-107：是的。

访-108：我不是那个意思。我只是有点激动了。

咨-108：（直视来访者）是的。

访-109：我只是……

咨-109：我知道。你一直依赖于坚强和愤怒，所以你很难变成其他的样子。

访-110：（柔和地）是的。（停顿，低下头，然后看着咨询师）你知道的，我已经受够了。

咨-110：（冷静地）是的。

人不应该被欺骗。这不是这个来访者的咨询工作的结束。实际上一些最重要的工作尚未完成。当来访者在未来努力去寻找其他的与世界和他人发生联系的方式，并不可避免地遭遇挫败和失望时，将会得到支持。在她修通阻抗的某个重要因素之后，最难的时候就已经熬过去了。

更深层次的阻抗模式

第二段访谈（上文所示）展示了一个来访者陷入阻抗模式的例子，这对来访者和咨询师来说都很明显。不过通常来访者的抗拒表现得并不那么明显。

片段 8-3

来访者（以下简称"访"）：格洛丽亚·约翰逊

咨询师（以下简称"咨"）：海伦·乔治

来访者是一名 40 岁出头的女性，她自己经营着一家小型簿记服务公司。她已婚，有两个孩子。在咨询过程中，她遵循了一种模式，即冷静地报告自己的情况，然后寻求咨询师的认可或指导。她很少在她所描述的事情上投入太多感情，而且似乎主要是想要得到咨询师对她"维护她的自我"的认可。咨询师认为她们之间的治疗关系已经足够稳定，可以开始揭示这种阻抗。

访-11：（结束了一段很长的"他说了什么，我说了什么"，非常清楚地报告了她和丈夫的争吵）所以我告诉他，我不会容忍他总是迟到，不管我们想一起做什么。（她沉默不语，期待地看着咨询师）

咨-11：嗯。（停顿）你在看着我，好像该轮到我说话了。

访-12：（有点困惑）嗯，是的。关于我告诉你的这些事，你没有什么要说的吗？

咨-12：没有。

访-13：我能再给你多讲讲我们的争论吗？

咨-13：你为什么要这样做呢？

访-14：嗯，我……嗯，我想知道你怎么看待我说的这些事。

咨-14：我认为你说的这些似乎对你没有那么重要。

访-15：（吃惊，短暂沉默）什么……你为什么……你的意思是？

咨-15：就是那个意思。你在讲的时候，就像你在说着一个你认识的，但不是很了解的另一个人。

访-16：我没有想到你想听更戏剧化的故事。（停顿，摆出一副受伤的表情）嗯，这对我很重要。

咨-16：你在做鬼脸。那个鬼脸说了什么？

访-17：我不知道。（停顿了一下，显然是在等咨询师说话。当咨询师一直沉默，但保持专注地看着她时，她会不安地动，

开始说话，又停下来，然后发出声音）我让他关注我的
需求，你难道不高兴吗？

咨-17：你觉得你是这么做的吗？

访-18：嗯，我告诉他，说我……

咨-18：你已经告诉过我，你对他说了什么。

访-19：好吧……嗯，我认为他应该更体谅我的感受。

咨-19：（沉默）

访-20：（不耐烦地，又很任性地）哦，别这样了，海伦。你想要
干什么？你为什么不跟我说话？

咨-20：格洛丽亚，我只是想让你暂停一分钟，看看你的内心现在
正在发生什么，而不是浪费时间争论我想不想要听"戏
剧化的故事"或谈论你对你老公说的话，因为你们曾经
有过很多次这样的经历，但是你们两个人都没有什么后
续的行动。

访-21：嗯，你说……（她看到了咨询师毫无反应的表情）哦，好
吧！（停顿）我就是不知道你为什么要这样跟我说话，我
只是想告诉你……（她的语气带着埋怨）

咨-21：（打断）不，格洛丽亚。觉察内心这件事，你可以做得
更好。

访-22：嗯……嗯，我不知道。我感到有点生气，而且……我对你
的举动感到困惑，还有……（较长的停顿。她看了好几
次咨询师的脸）我不知道我是不是惹你生气了，我不是
故意的，而且……

咨-22：格洛丽亚，你真的很难进入自己的内心。我看得出来。但
尝试去这样做，是非常重要的。来这里只是和我讲你生

活中的故事，并不能改变什么。

访-23：我不知道你说的"讲故事"是什么意思。（她等了一会儿，又犹豫了）嗯，你不打算告诉我吗？

咨-23：不是的，如果你真的允许你听到自己内心的声音，而不是一味地讲你的故事，你会懂得一些东西，但我是不会告诉你这些东西的。

访-24：我不知道你想让我做什么。（等待着）我感觉你想让我做些什么事，但我不知道那是什么，这让我有点不安并且……

咨-24：（非常及时地鼓励）是的！格洛丽亚，这就是你内心的声音。这是在开始探索此时此刻的一些东西，而不是仅仅去报告旧的、熟悉的事情。

访-25：（有些惊讶，有些高兴，有些困惑）我刚说什么来着？（停顿，疑问的表情渐渐消失）我是说，我现在要做什么呢？（又是一个疑问的眼神，然后是抱怨的语气）你为啥不回答我？

咨-25：你听起来很苦恼。

访-26：（犹豫。然后打起精神）嗯，是的。我正在抱怨。你就坐在那儿，让我越来越困惑，一点也不帮我。

咨-26：这是我第一次听你说感到困惑。

访-27：嗯，是的！（停顿一下，仔细观察咨询师）我很困惑，我不喜欢这样。

咨-27：现在你才真的就在此时此刻，和我说着你此时此刻的内心。这和告诉我一个你认识的、和你碰巧有一样名字的人的事，是完全不同的。

访-28：（哀泣的语调）我不明白你是什么意思。你只是想让我痛苦吗？

咨-28：不，但如果你现在很痛苦，那就说出来，你刚刚几乎就做到了。格洛丽亚，我知道你很难理解，但这非常非常重要。

访-29：（几乎要哭了）但我不明白。

咨-29：这就是为什么它如此重要。这是你生命中你还没有认识或理解的一个很重要的部分。如果你只是以你已经非常熟悉的方式给我讲述你自己，这并不能帮助你找回你的另一个重要部分，是你不太了解的那个部分。

访-30：你是说当我哭泣时，那是我的另一个部分？

咨-30：那是其中一部分，但我们还需要了解更多。现在，在你说任何话之前，首先倾听你自己的内心，看看现在你在内心中能找到的非常真实的感受。

访-31：好。（考虑中）等等……我不知道。（她突然哭泣起来）我真的不明白。我不明白！我感觉糟糕透了。

咨-31：是的，格洛丽亚，我知道你的确很难受。你感觉很糟糕，但你也在努力地做着你的功课，因为你在察觉此时此刻在你内心深处真实的感受，而这一切就在你心里发生的时候，你正在把它讲出来。

这只是一个开头，并不是一个解决方案，也不是故事的结局，而是一个里程碑或参考点，在这之后，咨访双方会多次回到这个地方来。格洛丽亚在当下感受到痛苦，而这又是她逃避责任的结果，因此也是逃避内心的结果，在这种情绪的刺激下，她至少在短时间内突破了这种阻抗。虽然这件事本身并不会改变她的生活，但由此她对自己未曾意识到的部分有了短暂一瞥，这可能是至关重要的经历。

因此，咨询中真正起到助力作用的工作就这样开始了，咨询师帮助这名来访者变得**真实**，帮助她进入自己的内在，在那里她才有可能获得重要的和持久的改变。这只是一个开始，而且我们也只是举了一个相当简化的例子来描述这样的时刻，我们还需要做更多工作（通常需要对同一个议题反复进行更多的工作）才能帮助格洛丽亚找到她自己的内在。

格洛丽亚的阻抗是非常无意识的，她的困惑可能有些简单，却是真实的。真正的阻力存在于几个层面。当然，在最表层的是她没有情感的报告（访-11）。在这一层之下，是通常在社交中对两个人轮流发言的期待，格洛丽亚只是把心理咨询当成另一场对话（访-12）。而随着咨询师未能按照预期的形式进行，开始有最初的迹象表明她在经历情绪上的和在场的紧张（咨-14）。现实与期待背道而驰，使得格洛丽亚对此时此刻投注了更多的注意力，与她出于社交形式的自发的回答形成鲜明对比（访-17）。现在格洛丽亚的情感是被扰动的，她想抗议，但似乎除了诉诸悲伤的语气别无他法。访-24说明，她正开始接触到她真实的、此时此刻的体验。咨询师强化了这一点（咨-24）。从那一点到这段节选的结尾，格洛丽亚正在处理（尽管仍然在表层）此时此刻她的内心和这次咨询中真实发生的东西。

通向生命改变之路的阻抗

查克和格洛丽亚的访谈片段提供了简短的例子，说明了在努力对生命进行重大改变的过程中，阻抗具有核心重要性。每一名来访者进入咨询室时，在其表面上很明确的"问题"之下，都存在着一个更为根本性的东西。每个人都带来了他们自己在这个世界上的生活方式的核心部分。心理咨询工作要求他们得到即时的、**鲜活的**或**真实的**关注。

关注一个人生活中的一些事情可以被认为是对"性格"的探索。关注我们是如何持久地形成了我们的生活，是为了帮助我们做出更持久的改变。然而，在这一领域中，性格的阻抗也将会更加明显。

这一层次的工作方式，与有逻辑性地检查一个"问题"，然后获得其历史，接着制订出纠正这种情况的计划，是完全不同的过程。

修通性格阻抗

接下来描述的是一个理想化的性格阻抗修通过程。任何实际的咨询工作都不必遵循这样一个模式。这里展示的是一个过程的一些元素，它们帮助来访者从阻抗的虚幻空间走向贴近实际的生命活力。

鼓励来访者以自己的方式讲述自己的故事，直到他们讲不动了或开始重复。最好是来访者能感觉到有过至少一次由自己说了算的经历，并且希望咨询师能在一个明确的层面上真正理解来访者为什么要寻求心理咨询，以及来访者正在经历什么痛苦。这并不是说来访者可以对自己担忧的问题想到什么就说什么。事实上，焦虑的来访者频繁出现的（而且常常是无意识的）阻抗就是无休止地表达"抱怨"，同时避免真正去解决问题。

当来访者充分说明自己需要心理咨询的原因时，这时就该把眼光放远一点了，而非仅仅停留于表述中。当然，在整个咨询过程中，可能会有额外的信息、刚回忆起的往事、进一步的联想，以及其他叙述和许多值得认真关注的内容。然而，这些材料不能抢占咨询时间，以至于其他工作无法完成。

咨询师允许来访者以他们自己的方式继续，同时记下重复出现的模式。随着来访者在讲述中慢慢失去了一开始推动她讲述的动力，她很可能开始重复讲述已经说过的事，但来访者几乎总是会发现其他信息或看似有关联的其他问题。[一]当这种情况发生时，咨询师记下来访者反复出现（通常是无意识）的模式并提醒来访者注意就好，而在这些模式中应由来访者自己来掌握参与的方向和强度。

同时，咨询师也可以偶尔将这个过程中存在的一些比较明显的问题反映给来访者。咨询师在咨询时已经注意到这些模式，现在必须让来访者开始识别这些模式。关键是，识别出那些明显的、但是来访者没有注意到的、自己所秉持的一套约束规则。

例如：

1. 你刚才犹豫了。
2. 你有时很难表达自己的感受。
3. 你现在好像在和我要东西。

通常，最好先观察那些非常明显的模式（第一个例子）。如果这些信息被来访者接收到，而没有引发某种冲突，那么略低于表面水平的观察就可以开始了（第二个例子）。只有当这些初步的干预已经让来访者习惯了咨询师的反思，对关系层面的解释才会有帮助（第三个例子）。

当然，来访者对咨询师按照这个顺序进行治疗的接受度差异很大。在临床中敏感性是必需的，临床中没有一套明确的线索可以依赖，所以这种敏感性无可取代。对于许多来访者而言，在大量的访谈中积累了足够的信心之前，不可能经常使用第三个例子。当然，在这个时机上有很大的变化

[一] 在工作中，这需要咨询师做出艰难判断。实际上，来访者潜在的材料数量是无限的。在相当无意识的情况下，来访者可能会避免深入探索，或避免接触令人恐惧或内疚的材料。咨询师必须警惕无精打采、内容重复、只呈现部分内容以及其他在较浅层面探索的线索，这些都是来访者在讲述自我的过程中无意识分心的典型表现。

度（可能在工作的早期就可以开始着手，也可能需要制定很多协议，甚至也可能永远做不到）。

咨询师选择最持久的和最明显的阻抗模式，反复进行识别。我们希望，到目前为止，这种工作关系已经足够稳定，可以使用更多的解释性反馈。咨询师的参与不再需要紧密地围绕来访者所给出的表面信息。这些例子只是大致排序，这个顺序并不可靠，因为现在我们处理的是更主体性的材料。

例如：

> 看上去你很抗拒表露你的情感。
>
> 每当你想生气的时候，你就会表现出犹豫。
>
> 又是这样，当你想从我这里得到一些东西的时候，你会非常拐弯抹角地提出要求。

咨询师观察二级阻抗层，即观察来访者对前一步的重复识别有什么样的反应。当重复出现得足够多时，无论它何时出现，咨询师都要及时将它指出来。

例如：

> 你想要解释你所说的话，**或**你觉得有必要为你所说的话做辩解。
>
> 你被我说的话分散了注意力，**或**你被我说的话转移了注意力，**或**你对我说的话做出了反应。
>
> 你对我刚刚说的话有很多感觉，**或**你对我说的话感到生气、悲伤，**或**你对我所说的话感到好笑。

接下来的两个步骤在实施频率和时长上有很大不同：

❊ 咨询师在这个顺序清晰的范围内尽可能遵循这个顺序，但要避免强加对这个顺序的关联，同时还要对取而代之的任何东西都保持警惕。

❊ 无论何时，若来访者能更为直接地进行自我暴露，那么咨询师都要给予及时的认可和含蓄的肯定。

在使用这些方法的过程中，不同的咨询师之间的风格存在很大的差异。（由于这些原因，没有更多语境就无法提供例子。后面的小节将展示这些内容。）

咨询师揭示阻抗的有效特征

在进行上述工作时，咨询师自然会遵循各种各样的模式。但在这里可以列出比较有效的情况通常会出现的三个特点：

❊ 这是一个递增式的发展，从最明显、最明确的层面开始（在任何可以达到的范围内），到更加隐性的层面。

❊ 从具体和直接的内容，再到抽象或泛化的这个变化过程，需要和来访者对所识别的模式表现出的认可意愿度相匹配。

❊ 咨询师要避免争论，避免把来访者拒绝识别阻抗本身当作一种阻抗。

需要提醒一句：前面一节提出了合理和有序的一系列步骤，并列举了明显可取的干预措施。这是一种假象。

这些资料藏着一种危险的诱惑。它暗示咨询师可以学习"一

个系统"，然后满怀信心地使用它，相信那会达到预期的效果。这
更是假象。

　　使用系统的"步骤"和范例，是为了指出那些无法用语言充
分表达的东西。这在很大程度上取决于咨询师的基础训练、成熟
度和主观态度，也取决于来访者的意愿、洞察力和成长动机，以
及这两个人一起工作的历史、他们的期望和他们现在的关系。

结论

　　与阻抗工作，是更深层次的、更能改变生命的心理咨询最可靠的突出
特征之一。只需对这个领域稍加探索，就可以卓有成效地进行支持性心理
咨询。然而，如果不能让来访者意识到自己根深蒂固却又无法看到的那些
模式，心理咨询的效果就不太可能扩散或持续下去。

第 9 章 ————

双眼总比独眼好

我们既需要客观，也需要主观

　　深度心理咨询的核心工作，发生在咨询师与来访者整个人的相遇之中。这就要求咨询师既要注意观察来访者的客观反应（这说明了一个人的生活状态），也要注意来访者的主观体验（这是一个人生命的核心内容）。虽然我们当前的文化倾向于强调客观性，但在重视客观性的同时，我们也一定要承认，主观体验对一个人的存在有着更为重要的作用。当心理咨询把人看作可替换的物体时，它就违背了自己的使命。然而，那些不顾后果地促进来访者进行自我关注的咨询方法，不仅不会有治疗效果，在专业上也没有负起责任。

据说"在盲人的王国里，独眼人称王"，但事实并非如此。

实际上是在盲人的王国里，独眼人会被关到精神病院！既然看到了别人看不见的东西，显然他一定是疯了，产生了幻觉。同样地，在独眼王国里，双眼人的观点会被认为是受到了蛊惑，迷失在神秘主义中，而遭到拒绝甚至是攻击，或者被认为是谬误百出而不值一提。

目前，我们很多时候都生活在独眼王国里。发表一个令众人感到陌生的人生观点，很可能会招致抨击，而不是赞许。下面就是一个例子。

> 我们人类的生活既有客观方面，也有主观方面。我们的内心体验才是我们生活的主要领域。除非客观能以某种方式为我们带来主观影响，否则仅有客观对我们而言毫无意义。

客观因素构成了我们主观体验的环境，包括诸如我们自身和我们所在世界的物理维度、各种空间运动，以及视觉、听觉等。这些客观因素会对我们产生巨大的影响。但在大多数情况下，这些影响主要是通过客观因素唤起主观体验或带来主观结果，才具有了完整的意义。

我们的主体性是由许多要素构成的，其中最为我们熟悉、对我们而言最重要的是感觉与情绪、观点与理解、暗示与意图、孤独与关系。我们正是根据这些基本要素来体验我们的生活。

成为一个完整的人，意味着在主观和客观两个领域[⊖]都是活跃的和有意识的，但前者或直接或间接地对我们大多数人的生活更重要。尽管在身体健康、经济状况、社会地位或其他方面处于极为不利的条件，但有人克服

⊖　奥尔德斯·赫胥黎（Aldous Huxley）做出"我们是两栖动物"的比喻，即我们生活在广阔的主观海洋世界，以及更小的、似乎更坚实的客观陆地世界。要想尽可能完全地实现我们两栖动物的天性，就要认识到这一点，也就是说要认识到生命所提供的这些潜能，并使之成为现实。

了客观限制，取得了杰出的客观和主观方面的成就，或同时取得这两方面的成就，这样的故事屡见不鲜，足以表率。⊖

人们通常都会认为我们早期显性的学习，主要是关于事物、表象、行为和身体之类的客观世界。然而，在隐秘的角落，我们也在照料着自己的内在世界，从很早便开始如此，而且贯穿于我们的一生。虽然可能在一段时间内我们并不知晓这些体验的名称，之后过很久才知道用什么词语来描述它们，但是我们学会了识别和回应感觉、思想、意义、意图和其他很多事物。

我们当中有一些人（例如大众刻板印象里的工程师和体育宣传人员）貌似逐渐认识到，人生中大部分或者全部的重要意义都要归于客观世界；还有一些人（例如同样是刻板印象里的宗教家、艺术家，在我们的文化中这类人通常较少）则认为主观世界才是有意义的。两边的拥护者在应对生活时都"弄瞎了一只眼睛"，区别仅仅在于他们选择弄瞎哪只眼睛。

健康、完满的生活需要在这两方面都积极参与。我们这个时代的许多痛苦都可以追溯到我们生活中有那么多的"独眼主义"。因此这个时候，我们要提醒自己去关注自己的内在体验所具有的中心地位。

当我们尝试在当下去感受此时此刻的生活时，可能会惊讶地发现，我们对生活真正的体验其实正发生在主体性之中。无论我们多么坚持自己的客观性，这种坚持本身就发生于内在，是主观的。

认识到这一现实并照料好这一内在领域，我们会发现我们的主体性是一个丰富的、多维的、不断演进的、富饶的领域。矛盾的是，虽然主体性是我们每个人所私有的，但也是通过主体性，当我们与他人进行深度分享时，我们才会有那样丰富的体验。

⊖ 斯蒂芬·霍金尽管有严重的残疾，但仍取得了惊人的成就，这是一个明显的例子。

"独眼主义"对我们时代的启示

如今，在许多地方，这种主体性都不被信任。就主体性的本质而言，它是隐蔽的。即使有最好的意图，也没有办法完全用语言来表达。它的形式确实变幻无常，永远不能被准确预测。值得注意的是，正是这样的属性，使它成为创造力和深刻持久关系的源泉和发生之处。同样地，即使我们认为自己在心理上很成熟，也理应知道自己的主体性，但我们也必须认识到，我们无论如何都无法了解在自己主观世界中发生的所有活动。

在所有这些令人深思的认识背后，还有另外一个我们可能有所感知但有些人想要否认的道理：**归根结底，人类的主体性才是这个世界上最强大的力量。**①在一些人的主观意识中，有着原子弹之父的创造力和奉献精神、有胡图族残忍暴虐的部落的狂热，还有许多其他东西，令我们的生命更丰富，或更危险。

当然，在人类的主体性中也存在着德彪西或勃拉姆斯优美的声音、海明威或拉斐尔丰富的创造力、爱迪生或巴斯德的天赋、甘地或马丁·路德·金仁慈的视角。

客观性有时被认为是一种理想，它不受人类情感和需要的污染。（当然，把它定义为"理想"已经是一种**主观**评价了。）人类狭隘地投身于客观性有最佳例证，即美国关于法治政府的理想。这是个不顾个人情况而高高在上的政府，其正义不但被蒙上了双眼（因此不会去考虑被管理者个人有何特殊情形），而且保持童贞无暇（所以这位处女没有被人类的激情所污染）。

这个理想后来发展又如何呢？法院变成特殊利益（由主观动力所驱动）的活动场，变成发挥表演艺术（旨在影响证人和陪审员主体性）的舞台，

---

　　① 请参见第 11 章对这一点的进一步讨论。

变成用法律手段进行激烈对抗的竞技场（只求伤害对手，而几乎没有对最终裁决的尊重）。早在实际审判之前，专业人士就瞄准了最可能争取的陪审员，并针对这些陪审员撰写了详细的报告——目的是想设法将其主体性掰向对自己有利的客观结果。

我建议我们把那个处女送回桑尼布鲁克农场，用一个懂得生活的激情和心碎是怎么回事的成熟女人来代替她。她不会再容忍对所谓客观公正的曲解，这种曲解现在已如此常见，如此让人在一个失控的体系中感到沮丧和无助。

我们不可能依据一个纯粹客观的司法系统的理想而生活，这成了"什么管用就做什么"的荒谬理由。在立法机关、行政机关、政府行政部门，以及文化的其他方面，都可以发现对抽象化理想的同样贬低。民主的美好理想正被高度竞争、聚焦客观的资本主义所具有的主观贪婪所玷污。

商业围绕着美元进行，艺术必须证明自己有大众市场，这都是对客观性的强调。事实上，人们认为将主体性从除艺术、娱乐和体育以外的生活大部分领域全部剥离是值得褒奖的。其结果就是现在所有东西都在某种程度上被物化了。艺术品主要的新闻价值在于它能使拍卖价变高。娱乐行业越来越诉诸暴力、裸体和性行为来制造震撼，这并非为了人本身的主观体验，而是为了创造新的票房纪录。体育也变得愈加以客观为导向，通过使用简单直接的残忍手段寻求巨大的金钱和其他回报。古罗马斗兽场阴魂不散！

想象这样一个场景：

父亲：威利，你数学作业做了吗？

威利：老爸，还没做，我听音乐听得入迷了。

爸爸该怎么办？老师会期望什么？当然，威利应该做数学作业……嗯，很可能他的确应该去做作业。当然，如果能投身到音乐上，他也许能更好地将他的天赋贡献于人类。（贝多芬的数学怎么样？格什温呢？杰瑞·加西亚呢？）

但现在这不是重点。和大多数情况一样，重点是要为显而易见的、客观的和竞争性的考试做好准备。"威利，把那令人心烦的录音机关掉，把书拿出来！"

在美国的公共教育体系中，我们被教导要把自己和他人当作物体（objects），主要当作 **"东西"**（things）——等待被各种客观信息填满的东西。单纯为了满足甚至是为了快乐而学习的观念，很可能被视为可笑的浪漫主义或早已过时。"得了，别做梦了。你以后想干什么，找个犄角旮旯儿做你的春秋大白日梦吗？"⊖

我们学着把自己看作与其他 **"东西"** 竞争生活中的美好 **"东西"** 的 **"东西"**：分数、晋升、团队、认可、奖励……这个列表可以一直扩充，但它有个 **"有限性"**，那就是：第一名只有一个。有人说："胜利不是一切，而是唯一。"

事实并非如此！失败才更为常见，胜利并不常见。除了极少数人，失败必须被所有人接受，它是迄今为止几乎每个人体验到最频繁的竞争体验。当少数胜利者中的一些人终于遭受了失败时（这是不可避免的），他们往往会被压垮（在某些情况下，甚至会自杀）。

我们有如此多关于我们自身作为东西的体验，作为遭受失败的东西的体验，一直在努力赢得更多的东西的体验，然而，我们所接受的训练中却有那么多都是为了胜利，而对于失败的训练少之又少！

⊖ 对于这种对客观性的专注，有一种相对较小但持续增长的反作用力，华德福学校（Waldorf School）是典型代表。在这座充满人文关怀的孤岛上，教师接受的训练是去唤起学生的主观潜能。

尽管如此，新闻报道、广播和电视报道、各种场合的广告以及朋友间的日常交谈，都在强调着情感和情绪、希望和恐惧、满意和失望、关系以及各种各样的主观体验。

显而易见也确凿不疑的是，客观性占据主要地位。但秘而不宣却又处处可见的主体性才是我们关注的焦点。

因为我坚持主体性领域的重要性，看起来似乎我在贬低客观，但我并没有。过分关注主观感受显然是错误的、不明智的，甚至是致命的。要是一个司机迷失于白日梦或者收音机的音乐，我可不想坐他开的车。

我（们）是谁，我（们）又是什么

不久前，《纽约客》的一幅漫画描绘了这样一个家庭：母亲、父亲、一个小男孩和一个坐在婴儿车里的婴儿，一家人星期天在公园里散步。小男孩问："妈妈，我们是在直播还是在录播？"

多么一针见血的问题啊！多么意义深远的问题啊！

有次演讲时，我展示了这幅漫画，并随机挑选了一些人，问他们如何知道自己是"直播"，而不是"录播"。大家几乎异口同声地给出了下面这个回答："因为我可以感知事物，我的内心一直在活动。"一个人的主体性很容易被认为是活着的本质。

我们偶尔会读到有人由于疾病或事故失去了意识，只是肉体上还活着。关于他在这个肉体中的存在状态是否应该被称为"活着"，这是一个令人不安的问题。有时，多年以后，这个人会恢复意识。有些人（但不是所有人）会告诉别人，在医院时他们知道自己周围发生了什么，却不能以任何方式交流。

对大多数人来说，这些人回答了这样一个问题：显然他们还活着！为什么这么确定呢？因为他们有意识。我们说，生命终究还是在那里。生命和意识的等式再一次被阐明。我们的生命正如我们注意到的那样，由意识这条内在的河流组成。如果没有这种主观意识，我们只能认为人已经死亡。正是这个原因，我们才会认为，没有假释机会的终身监禁还是比死刑的威胁轻一些吧。

什么是主体性[⊖]

什么是主体性？用一种过度简化的方式来说，客观世界是通过我们的感官所感知到的外部世界，而主观世界则是直接给予我们的，没有中间过程。我知道我冷是因为我的手感到不舒服，但期盼着今晚能和我的爱人在一起，我**是**喜悦的。感觉寒冷和感觉喜悦是完全不同的两个过程。

我的感官让我可以在物质世界中畅游。我的感受和想法（以及其他许多主观的东西）给了我这样做的理由和指导。没有主体性，我们只是没有人情味的环境中的机器。而没有我们对客观性的感应，我们将变得迟钝和无助。

人类的任务就是同时关照主观和客观这两个方面，时刻注意它们所带来的可能性、机会和威胁，并学会智慧地平衡两者之间有时相互竞争的冲动。

⊖　19 世纪末，物理科学取得了激动人心的发展，对许多受过教育的人而言，物理科学几乎压倒了宗教传统。人们不再引用《圣经》来支持自己的论点。经验的、客观的模式成为一种新的宗教，后续发展也非常好。这种思维方式一直存在，产生了无穷无尽的物理奇迹，主宰了 20 世纪的知识。

不可避免地，孩子随洗澡水一起倒掉了，所有的主体性都被嗤之以鼻，不予重视。因此，即使在今天，对主体性的指控可能也足以使贴有"主观"标签的论文被丢弃，或至少也很难获得关注。

现在是时候寻求一个更平衡、更完整的视角了，令人高兴的是，这已经开始发生了。詹姆斯·希尔曼（James Hillman, 1995）的作品就是一个鲜明的例子。

聚焦在主体性上是在鼓励自私吗

在一个较小的尺度上，有些人对主体性怀有微妙但很普遍的不信任，他们会说："我们应该避免鼓励主观。人们现在太主观了。他们只想到自己，忘记了别人也有需要和权利。"这种观点将**主体性**和**自私**等同起来，这是一个含有讽刺意味的错误，因为狭隘地获取不公平的优势，正是那些真正缺乏主观中心意识的人最典型的表现。当一个人被驱使着不相称地去向外寻找意义、价值或身份时，这个人很可能会失去自我价值感和真正的归属感。

我真的有成千上万个小时都在听人们为自己的需求而挣扎，听他们说对他人的权利和需求有怎样的认识。毫无疑问，虽然有些人很少或根本无法认可或尊重别人，但我可以肯定地说，他们的人数不超过我所见过的十分之一，甚至这个数目可能都被高估了。当他们更充分地意识到自己内心和主观的渴望时，他们会发现自己对他人是关心和同情的，这有时令他们自己都很惊讶。

这并不是说我们人类不了解其他人，而是如今我们一直被教导和要求遵守这样一条铁律："先下手为强，后下手遭殃。"这个世界不适合天真的人，不适合容易轻信他人的人，不适合忽视自我的人。至少对我们大多数人来说，这个世界是这样子的。从很多方面来看，我们都是**东西**，但悲剧的是，我们在自己面前也沦为了**东西**，而对我们自己和**所有**其他人没有物化的那一面视而不见。

在很多方面，美国文化教导我们保持一种**我们－他们**的观点，这种观点让我们将**其他人**物化，认为他们的情感也不重要。"如果我们让自己去担心竞争对手的感受，我们就不能为自己做需要做的事情。"结果不可避免的是我们也物化了自己，我们的价值只在于我们在客观方面取得了什么成绩。

人们去做心理咨询并不罕见，[○]因为他们觉得不完整，生活缺乏意义，他们对自己获得的成就感到索然无味。当咨询进展顺利，他们能够发现自己主体性的潜力时，他们通常会体验到一种如同"回家"的感觉，回到更真实的自我。

当一个人开始用两只眼睛看东西时，那么这个人就开始看到许多其他人没有看到的东西，或者就能看到其他人看一眼，可能就去贬低或忽视，觉得那是无关紧要、令人困惑或毫无意义的东西。而实际上，那根本不是毫无意义的东西。人类要想全面了知生命，就必须让自己栖身于两个领域——我们所共有的客观世界和个人享有的主观世界。然后就会发现，虽然主观世界是个人化的，但通过与其他人的分享，它同时也有能够变得丰富的潜力。

不了解主体性的力量和价值，或不了解客观性的影响和必要性，都将是严重的缺陷。然而，这是世人普遍共有的缺陷。因此，独眼王国在不知不觉中得以延续。

从 20 世纪 50 年代开始，会心团体迅速发展起来，如今它的后继者已经翻了好几番，并且有各种各样的支持团体：男性团体、女性团体、祈祷团体、高管分享静修会，而这些都只是很小一部分。在这些团体中，有些是以领导为中心的，有些是无领导的；有些很混乱，有些很有秩序；有些是促进成长，有些是胚胎崇拜[○]。

对于许多参加这类团体的人来说，吸引他们的是让人难以置信而又令人安心的发现：其他人也有完全主观的生活，而且这些生活是可以分享的，人格物化的孤独也并非不可避免。

　○　见 Bugental (1976, 1990)。
　○　见 A. Deikman (1990)。

尽管如此，主体性在某些方面还是受到指责的，因为它是个人的、难以捉摸的、易变的、超越语言的、感情用事的、滋生欲念的，还因为它抗拒来自外部的公开观察和指导。这些指控都成立。主体性不仅是私人的，而且是我们作为人的个性所在，生活所在。

有些人的这两个领域联结较强，在完成客观性活动的同时，也能投身于爱的关系和家庭生活，或宗教、公民组织之中。对许多人来说，这是藏在心中的理想，他们却无法完美实现这个理想。令人惊讶的是，对我们当中的另一些人来说，他们的理想完全不受任何主体性的影响，因而可以变得完全客观，也就是说，他们的理想是成为人形机器。但即便如此，这个可悲的奇怪目标本身也是一种主体性的表达。

观察客观和主观的相互作用

当然，在这里我一方面讨论了客观，另一方面又讨论了主观。这样就必然产生了失真，因为咨访双方身上总是同时存在着客观和主观。因此，它们彼此相互定义——正如"右"是由其对应的"左"所定义的。

报告来访者说过的原话往往不够完整，容易误导读者："来访者说他的母亲是个直言不讳的人。"所以呢？

> 当来访者说他的母亲是个直言不讳的人时，他皱起了眉头。
> 在长时间而又紧张的沉默之后，来访者说他的母亲是一个直言不讳的人。
> 带着温情的微笑，来访者说他的母亲是一个直言不讳的人。

当然，我们可以想象无数种情况。使用客观线索有助于理解来访者用词的确切意义，而这些意义存于主体性之中。

熟练和敏锐的心理咨询师学着识别和利用各种可能的情况。随着治疗联盟的成熟，有时可能会取得来访者的理解。

当咨询工作触及具有明显情感意义的领域时，来访者有时会说"我肚子里有只蝴蝶"⊖。这个短语为咨询师和来访者提供了另一个理解的维度。有时，当来访者探索内心时，咨询师会轻声问："蝴蝶现在怎么样了？"来访者会简短地回答"它们现在很安静"或者"它们开始不安了"，甚至会说"我说的上一件事让它们很抓狂"。

这种合作是非常有效的，但只有在关键词或意象来自来访者自己的体验时，才最有可能实现。⊜

总结：主体性和心理咨询

当来访者谈论他的担忧时，咨询师最好能特别关注来访者讲述他自己生活的**方式**。这并不是说要忽略他讲述的**内容**，而是说要注意他讲述的**方式**的同时，以一种存而不论的方式接受讲述的**内容**。

贝蒂-1：（用公事公办的口气说）我想做心理咨询已经很久了。

⊖ 原文"butter flies in the stomach"这个短语意为"忐忑不安"。——译者注
⊜ 咨询师有可能源自关系深度和基于信任给出建议，但这种情况很罕见。过于热心的咨询师有时会试图教给来访者一个或多个专业术语，以用于监控和交流他们的主体性工作。这样做很可能带来混乱的结果，这是因为咨询师的客观性语言无法触及来访者的真实主体性。

现在，我终于来了。好吧，你想了解我什么？

这句话暗示着来访者历经辛苦之后有了一个结果、一个成就，而且她的态度表明自己仿佛是一个超然事外的观察者。怎么会是这样呢？

　　贝蒂-2：（哭泣着，擦着眼睛，几乎没有看咨询师）我一直想寻求帮助，来做心理咨询。我终于来了……（又一阵哭泣）一直以来我都很不开心。你能帮我吗？有人能帮我吗？

咨询师开始说话，但贝蒂打断了咨询师，继续哭泣，并反复强调她是多么高兴接受咨询，多么需要心理咨询。咨询师问贝蒂她的痛苦，她以前尝试做过什么，什么使这个情况更严重。咨询师的问题却只是得到了几句回答，这是因为贝蒂-2流露出更多痛苦，并坚称她终于能来做心理咨询这件事，这让她很宽慰。怎么会是这样呢？

　　贝蒂-1和贝蒂-2这两个夸张而又明显的例子可以说明，来访者呈现自己的**方式**，与她说的**内容**相比，有同样的甚至更加明显的效果。在与新的来访者的实际接触中，自我描述和自我呈现之间的反差可能会更加微妙，但意识到这种反差是极为重要的。

　　当然，这是我们关注**真实性**的另一个方面。

　　咨询师的责任是向来访者提供反馈，以便来访者能够在自身体验以及后续行动上进入更深和更有影响力的层面。

　　当来访者可以有效表达当下的主体性时，其自我呈现会出现以下特征：

＊ 发生在现在，是现在时态，是此时此刻的。

＊ 口头言语往往传达出比表面意思更丰富的信息，而这些信息更
　　多出自位于底层的主观体验。

⁂ 自我呈现的表达方式和情感强度表明，它可能会一直持续下去。这是因为一个想法或知觉会导致另一个，然后又会导致另一个（即，自发的和无意识的搜寻正在进行）。

⁂ 自我呈现是一种意向性，关注目前的事实以及未来什么会成为事实（而不是执着于对过去已经发生的事情的报告）。

⁂ 在来访者表达的那一刻，他们表达的正是那些明显具有个人意义的内容。

当然，来访者谈论自己的关注点时，上述特点并非每次都会出现，也不会全部都出现，不过当这些特征越明显的时候，来访者的陈述就越有可能是真实的自我表达，因此也就越有治疗意义。

相比之下，来访者的陈述缺乏真实存在感，并且有不易察觉的物化倾向（去"谈论"而不是"从内在而发"）时，会出现以下特征：

⁂ 来访者在叙述中推导出的结果往往不合逻辑。结论与支持该结论的解释或理由的相关性很差。

⁂ 来访者采取一种超然的观察或解释的态度，仿佛是在远处评论自己。

⁂ 来访者花费大量精力以"场景设定"的方式描述他人或环境。

⁂ 来访者在讲述情感体验的同时，也在悄悄观察自己对咨询师带来的影响。

当然，我们的来访者来到咨询室进行自我描述的时候，真实和不真实往往同时混杂着。的确，正是在这样的混杂中，蕴藏着来访者痛苦的根源和恢复的基础。我们的任务是：经过筛选，帮助来访者修通消极的方面，加强积极的方面。

然而，即使这样也过于简化了，因为上面列出的一些积极的"迹象"

经常与消极的"迹象"混合在一起，所以咨询师所面临的许多问题很难归类。

努力增加主体性的存在

咨询师的任务是帮助来访者进行自我探索和自我认识。这意味着来访者在治疗过程中物化自己的方式，是迟早都要解决的重要阻抗。治疗性的改变往往需要处理来访者对**真实**生活的担忧，并揭露来访者为避免面对痛苦的生命问题，做出了哪些有意识和无意识的努力。来访者经常会展现出内部冲突，若此时能识别出这种冲突，就可以在咨询中对其加以关注。

咨询师可以利用以下方式进行参与，这会特别有助于促进来访者尽可能真实地呈现自己。

❋ 要避免依赖提问。提问会使能量不经意地转移至提问者，或使能量向提问者聚集。[⊖]

❋ 延迟回答来访者的问题，同时向来访者保证，来访者自己继续探索自己的内在，就是在做着该做的事。

❋ 明智地选择时机，提醒来访者注意表明其情绪和隐含态度的迹象，比如身体姿势、声调和面部表情。

❋ 当来访者停顿时，要耐心地、保持期望地等待。一般情况下，要采取一种能暗示来访者才是主讲人的态度。

❋ 当来访者说话时，将表面明确的内容指向其潜在的意图、情绪或正在同时发生的体验（当来访者自我呈现的方式，明显表明他正在变得不在场时）。

⊖ 这似乎有些矛盾，因为回答问题的人必须说话。然而，在一系列提问的过程中，咨询动力显然会转移到提问者身上。当提问者停止提问，而回答者等待时，这就变得非常明显。

结论

　　人类是客观性和主体性两个层面的体验者。然而，我们的文化更多强调的是客观性。在心理咨询中，正如本章所描述的那样，我们承认这是一个**真实存在（actual）**的事实：只有主体性才能被直接体验到。

　　当我们帮助来访者学习去认识、关注并更充分地实现他们的内在生活时，我们可以帮助来访者获得更好的自我指导、更少的失望，并在生活中获得更多的满足感。这种适应性转变，非但不会像一些人担心的那样会导致更深的孤独感或以自我为中心，还常常会帮助来访者更有效地、更令人满意地与他人和外部世界建立联系。

第 10 章————

发展和调试第三只耳朵

关注内隐，揭示体验

在专注于来访者的自我呈现时，咨询师应该听什么、看什么？答案当然是去注意问题、情绪、意图，以及尽可能多地揭示或推断来访者的内在过程。但这些词是如此粗略，如此包罗万象，以至于它们几乎没有提供任何指导。

试图变得不那么抽象是一场投机冒险，是在无限可能性的海洋上的一次航行，那海的深度让任何假设的"锚"都无法锚定。在下文中，我将进行这样的探险：读者必须负起责任不断地调整我的推测，以适应自己的工作方式。

很久以前，剧院就开始从真人表演转向新的"电影"。尽管如此，在接下来的几年里，歌舞杂耍节目的编排时间仍然位居节目单的第二位。表演者的种类繁多：训练有素的动物、魔术师、歌手和合唱队、舞蹈演员和杂技演员，他们拥有迥然不同但总是令人惊叹的技能。在我这个年纪[⊖]，能骑两轮自行车本身就是一种成就，同时这也是自由的一种表现。有一个表演给我留下了深刻的印象，那就是一男一女两名独轮车手的表演。

他们引人注目地坐在轮子上方，通过不断地踩踏板和用脚转动轮子来保持直立，这样他们的手就自由了。现在开始了一场求爱的哑剧。男人假装敲了敲女人的门，她向他打招呼，他们互相拥抱——当然，他们差点就失去了平衡。然后，她一边踩着踏板，一边用真正的咖啡壶表演煮着一壶咖啡。很快，她给他端来一个空杯子，然后把它装满，去拿糖和奶油，再把它们加进去。把他照顾好后，她转身为自己拿了一个杯子，并做了同样的动作。通常，在某一时刻，他们当中的一方会明显地忘记另一方，因此会出现一些滑稽的错误，并差点摔倒。最后，他们又一次稳稳当当地碰杯，举起杯子行礼，然后喝了起来。

整套动作中他们都在骑车，有时轻松悠闲，有时紧张忙乱，似乎马上就要跌倒，但他们总是成功地完成了倒咖啡、加调味品、来回传递餐具和杯子这些棘手的动作，然后满意地喝咖啡。

当我想到来访者和咨询师面临的任务时，就会想起这个表演。任何一方都必须在为谈话做出贡献的同时保持自己的平衡。有时他们好像断了联系或有一个人可能快要跌倒，有时他们相处和谐，但他们总是在变化。从来没有一个时刻是保持不变的。在这个永无止境的变化过程中，他们之间传递的东西也在不断地变化。

⊖　本书英文版出版时（1999 年），布根塔尔已经 84 岁了。——译者注

五个需要咨询师注意的维度

当咨询师去关注来访者的自我呈现时，他面对的是大量的材料，想尝试去观察、评估或吸收这么多材料是不可能的。这时，对咨询师的注意力进行一些引导是有帮助的。

当然，外显的内容通常会吸引咨询师最初的关注。这些内容当然是重要的，但它本身就有很多方面。来访者的情感状态、来访者对心理咨询和咨询师的态度、来访者当下和长期的目的，以上这些都表达了什么？来访者是否做好准备去处理更让人害怕的内容、与咨询师的关系的演变、对做出必要改变而感到的希望或绝望，等等。以上这些都揭示了什么？

显然，我们始终只能对某些方面给予更多的选择和关注。当认识到绝对的规则是不存在的也是不可取的时候，我建议关注以下五个维度。

* 意向性（intentionality）
* 应对方式（coping）
* 情感（affectivity）
* 关系（relationships）
* 期待（expectations）⊖

无论是显性的还是隐性的、有意识的还是无意识的，它们都可以作为咨询师关注的试金石。下面，我简单地介绍每一项。

意向性。这个维度让我们把注意力放在一个人生命前进的推力上：一个人想要什么，追求什么，渴望什么，抗拒什么，逃避什么，从哪里抽离。在治疗性访谈中，专业人员能够对这一维度保持警觉，因为它肯定是

⊖　在准备了这些注释后，我高兴地发现，这五个单词的首字母提供了一个有用的缩略词 I care。

以明确的形式表现出来的，但更重要的是它如何成为来访者思考问题的角度、生命的选择和最深层次目标的内在因素。为方便起见，我们可以认为意向性是由"意图"组成的。

应对方式。无论是内在心理上的还是在人际上的，对冲突的应对方式都是测试人格的重要依据。没有生命可以逃避冲突。一些人似乎在其中茁壮成长，另一些人则明显萎靡不振，而大多数人都在成功与失败的共同伴随下适应它们。当一个人遇到阻碍或挑战时，他的反应典型而清晰地表现了他的自我评估。同样地，也揭示了他接受或推卸责任的意愿。在我们的讨论中，我们认为应对方式是在"冲突"中表现出来的。

情感。这个维度与其他四个维度相关，对许多新手咨询师来说，它是注意力的主要聚焦点。经验告诉我们，情感总是以某种形式存在并达到某种深度，但是这些情感的意义在很大程度上取决于其他四个因素。一个挫折可能导致一个人的绝望，这是因为她几乎没有什么有意义的人际关系；而另一个人却可以泰然自若地面对挫折，这是因为她有一个充满支持和关爱的人际网络，而她自己也投身在这个人际关系网络之中。"感觉"这个熟悉且普通的词语为这个维度的体验提供了一个名称。

关系。正如在对情感的解释中明确指出的那样，一个人的人际关系网络可能在决定她如何应对生活中不可避免的挫折上，有着至关重要的作用。同样，一个人独自忍受冲突，与在知道我们有可依靠的支持者时面临冲突大不相同。"联系"是这一维度中的熟悉词语。

期待。我把意向性作为这个列表的开头，它是我们主体性生活所期盼的方面。我以期待作为这个列表的结尾，它与意向性是紧密相连的概念，但它是一个人现实检验能力的重要组成部分。人们对当前形势可能结局的设想，当然是这个人对生活和自身的努力，以及对他人相关方面的态度的主要构成部分。与这一维度相关的词是"预测"。

修炼咨询师的敏感性

学习接受和沟通关于主体性的意义是一项困难而艰巨的任务。我们经常使用文字的字面意思，但也可能产生误导。我们知道每个活着的人都在以某种程度和某种方式不断发生着变化，那么我们该如何把握来访者的深层含义，又该如何传达我们所希望的治疗效果呢？

这个难题的答案是，我们必须寻找来访者行为的模式，而不是纠缠于具体的事例。当来访者在感觉被轻视而表现出强烈的愤怒时，当然要对它加以注意。然而，如果这是一个例外的情况，那么很可能只需稍加留意并仍将注意力集中在更典型的情况上，同时始终对其他成长性突破的时机保持敏感。

我们没法直接看到模式，但时时刻刻的观察也许会帮助我们推断出这些模式。我们从来访者对事件的情感投入和来访者在咨询室的自我呈现来进行推断。

模式是咨询师的概念，并不在来访者的头脑中。它既不是自我了解的项目，也不是等待咨询师去发现的"洞见胶囊"。通过反复指出来访者在报告事件时的模式，我们可以帮助来访者意识到它们。因此，虽然咨询师的洞察不能完好无损地传递给来访者，但它可能会引发来访者自己的进一步的洞察。

来访者可能对自己的模式有一些认识，但它们通常与咨询师所看到的模式有所不同。通过鼓励来访者对其认识到的模式进行主观探索，咨询师将培养来访者更强的自我意识，从而提高来访者的选择能力。与此同时，当来访者的自我－世界建构系统[○]通过这些模式暴露出来时，咨询师将增加对它的了解。

当我们鼓励来访者与一个主观议题或体验"待在一起"时，我们的目的

⊖　参见第 7 章。

是促进**搜寻**的开放过程，使来访者（在大多数情况下，也会使咨询师）对问题有更深刻和更广泛的理解。这可能意味着帮助来访者了解自己以前没有意识到的真相，尽管那不是主要（或唯一）的价值。在搜寻的过程中，来访者模式中的要素得以显现，并激发来访者用新的方式看待生命议题的可能性。

这里的关键是：事件揭示了模式，但模式本身却是不可见、依靠推理的。

前面的大部分内容都是关于来访者的自我呈现，它是深入了解来访者的主体性构成的来源。这是关于识别模式和模式被识别后该做什么的基础内容。

生命变化的重复旋律

生命是火焰。它每时每刻都在燃烧，燃烧的同时，它也在改变。那么，我们应该如何面对生命呢？

为了理解生命和意义，我们假定一个并不存在的恒常性。我们给体验、情感和主观状态命名，并假设命名的东西和它的名字一样经久不衰。受到意识（尤其是关于自身存在的意识）祝福和诅咒的人类，使用名字、词语和符号来进行思考。语言保持不变，因此人们认为他们自己、其他人和他们的世界是不变的，或者只是以显而易见和明显的方式改变。这种幻觉让我们在理解和指导自己生活的能力上付出了很大的代价。心理咨询，尤其是想要与此时此刻工作的心理咨询必须摆脱恒常性的幻想，在永无止境的变化中努力去理解[⊖]和工作。这种变化就是人类真实的生存环境。

显然，我们的任务是修炼我们的感受性，不仅是对来访者所说的**内容**，

⊖　这一努力充满了矛盾。我打算在这一刻回到来访者的绝望的话题，因此我谈到了她希望生活中少一些痛苦的潜在愿望。我注意到她的绝望，回想起她的愿望，并对她说："当你试图改变你的生命时，你会经历很多痛苦。"用这样的方式，我认可了她在这个屋子里存在的两个方面。我没有提到她的一个朋友拒绝她的特别事件，也没有回忆起她从之前的痛苦经历中恢复过来的情况。这些具体事件是短暂的，但挣扎和愿望是个过程，因此在某种程度上，较少受特定时间的约束。原则是：处理事件时，优先关注过程。

更重要的是对来访者所说的**方式**。这需要的东西远远超过最优秀的机械录音设备。

狄奥多·芮克给了我们一个关于第三只耳朵的非常有用的比喻。[一]这只耳朵会听到内心深处的声音，会听到比字面意思更丰富的内容。要想听到比字面意思更丰富的内容，就要**关注当下，关注此时此刻的真实**，而这通常意味着要关注隐性事物。所有人都潜藏着发展这种敏感性和技能的潜力，但咨询顾问和心理咨询师必须在这些方面比常人更有能力。

这些方法并不是什么常人难以接近的神秘植物群落，只对少数人开放。它们隐含的意义，通过以下许多方式呈现出来：语调、强调、连续性、腔调、音量、面部表情、手势，以及所有微妙的关系。

学习对这些提示更加敏感，并不是学习一门新语言，而是扩展我们每个人都已经知道的语言的词汇量。早在我们发展出语言能力之前，我们每个人，甚至整个人类都必须发展出理解这种原始语言的最低限度的技能。[二]甚至早在我们还是婴儿的时候，我们就开始学会表达我们的需要和情感。基本上，进一步发展自己对第三只耳朵的敏感度和使用第三只耳朵，所涉及的只是一个简单的意愿，去扩展自己在生活中与其他人进行超越语言的交流的频道。

正如有目的地学习一门外语并不完全等同于学习去理解说这种语言的人一样，学习接受和理解非语言的方式，也并不等同于学习用这种方式向他人表达自己。

当我们在一个语言不通的国家旅行时，我们很可能会发现，尽管存在这种障碍，但我们仍需要沟通。然后，我们依靠手势、哑剧、非语言的声音和类似的方式来表达我们的需求，并理解与我们交往的人。

虽然这可能是一种有趣的甚至是有启发性的经历，但我们也很可能意

识到我们的交流受到了限制。我们有那么多想说的，那么多想听的，而这限制了我们的相遇。

在心理咨询室，我们有一个类似的潜在情况。我们可以收集信息，越客观的信息越容易获得，但我们需要的远远不止是这些信息。现在我们需要用非语言模式来感知、接受和表达。[一]当然，即便如此，在理解上也可能会出现分歧，当我们太草率地将其假定为一般情况时，一些分歧可能会阻碍我们的工作。

心理咨询的语言包括语言和非语言，第三只耳朵必须同时协调这两者。

真实的心理咨询，在很大程度上必须针对每个来访者进行个性化调整，实际上是调整这个来访者和咨询师的匹配，进而个性化调整他们一起工作的每次咨询。[二]就像来访者必须学会如何利用心理咨询所能提供的东西一样，咨询师也必须学会如何调整自己的技能，并利用自己的知识最大化地帮助来访者。

这些对咨询伙伴要求的核心提示是，最有效的工作在于关注来访者体验到的每一刻所发生的事情。这进一步提醒咨询师，每个来访者在重要性方面都是独一无二的。[三]

㊀　Vaughan, Frances (1979). *Awakening Intuition.* New York: A Anchor.

㊁　我们只是勾勒出了持续变化的人类处境的大致轮廓，这正是我们选择工作的对象。当我们关注一个特定的来访者时，我们会发现来访者在不同的时间或不同的环境下是非常不同的。比尔·史密斯在预咨询中给访谈者留下的印象是，他的沉默寡言，他描述自己的生活状态，没有表现出他对咨询的紧迫需求。比尔·史密斯在第一次正式治疗性访谈中变得极度抑郁，这让咨询师非常担心，所以在允许比尔离开办公室之前，让比尔签了一份不自杀协议。第三次访谈时，比尔变得沉默，并且基于这样的变化，他被安排住院治疗。在医院里，比尔……
事情就是会这样的。变化，不断地变化。未说完的那句"在医院里，比尔……"，比尔怎么了？自杀了？有了惊人的恢复？

㊂　毫不奇怪，咨询室里的相遇就像天气一样变化无常。有一个重要的平行关系！混沌理论告诉我们，描述（而不是预测）天气模式的唯一方法是在计算下一个周期时重复包含这个周期的实际数据，从而在任何派生模式下确保变化的连续性。我远没有资格对这个令人兴奋的新的概念范式进行任何长篇大论，但我所掌握的那一点点知识似乎非常适合理解人类行为和经验。

有一点有时会被误解：每个人都是独一无二的，这并不是否认人有共性。只是说，心理咨询师需要注意的基本的和特别的内容是，人们表达这些共有特征的方式是如何形成的。[⊖]

每个人都会体验到一些动机，它们指向某些特定的行为、关系、身体状态和其他的许多方面，这些构成了人类的经验，但是每个人满足这些动机的方式或内容都是独特的。[⊘]例如，虽然所有人生来就具有发展关系的潜力，但有些人却认识了许多熟人、朋友、恋人和各种各样的伙伴；我们大多数人都享有一些人际关系，但与他人的交往却不是很多；还有一些人则更不一样，他们变得孤立，几乎不与他人接触。

非语言模式的语言例子

在我们的文化中，很多人不愿意直接地、毫无保留地谈论重要的（尤其是个人的）事情。相反，"言语隔离"（verbal insulation）却有很多用法。"看起来"（it seems）、"也许"（perhaps）、"我想"（I suppose）和"有点（kinda）"，这些都是大家熟悉的例子。这类说法在很多对话中都很常见。在心理咨询中，无法通过这种模糊的体验取得什么效果，所以一旦治疗联盟和环境支持，咨询师经常需要直接关注这种语言。

当咨询师开始指出这一类对于咨询工作来说是微妙但重要的干扰

⊖ 最好暂停一下，去认识到不仅我们的来访者或病人一直存在差异，而且作为咨询师的每个人也呈现出一系列差异。即使是宣称坚持相同价值观和假设的同一期培训项目的毕业生，在行为举止、关系、对正式学习的依赖或与来访者工作的方式上，也绝对不是完全相同的。此外，尽管可能朝着不同方向，但我们每一个人都会不可避免地、持续地变化，比如我们自己的存在状态、可达性、表达方式和人际关系方面都在发生变化。这种变化每天都在发生，这种变化也发生在我们与不同的来访者工作中。

⊘ 当然，我们的诊断分类试图处理这些差异，并强调在确定的分组中的共性。然而，一些临床经验很快就会告诉我们，两个有着相同正式诊断的病人是多么的不同。

时，就提供了一个适当的机会，教会来访者如何更好地使用这样的治疗性机会。

访-1：我一直想成为一名医生。也许我能做一个不错的医生，你知道吗？

咨-1：听起来有点犹豫。

访-2：不。不，我真有点这种感觉。

咨-2：即使那只是"有点"。

访-3：哦！哦，我不是说我怀疑这件事。我觉得我应该想这个目标已经至少十年了。

咨-3：直到现在，你还是在说"应该"。

访-4：哦，我说"应该"了吗？（笑）嗯，我应该……哦，我又说了一次，是吗？这只是我养成的一种习惯。我认为这并不重要。

咨-4：这对你一定很重要，因为你经常使用这些限定词。

访-5：嗯，也许是吧，但我不知道怎么会这样，也不知道为什么。

咨-5：你说得太快了，我一点都感觉不到你已经认真想过了。

访-6：（咯咯地笑）嗯，我几乎不需要花时间在这么愚蠢的事情上，不是吗？

咨-6：你对它感兴趣吗？

访-7：算不上感兴趣。（停顿，等待，期待地看着沉默的咨询师）嗯，是的，有一点兴趣。你认为我为什么要这么做？

咨-7：我真的不知道，但我注意到它使你说什么都"有些"或"有点"含糊不清，这样可以避免把话说死。

访-8：噢！是的，我知道。应该是这样的，不是吗？

咨-8：又来了！

访-9：不是吧！你觉得我这样说有原因吗？我的意思是，我不知道这是否值得花时间，但也许值得吧。哦！（意识到又说了"也许"）哦，我不知道。（厌恶地）

工作继续向前推进。来访者对咨询师将如此多的注意力放在了看似微不足道的事情上，感到有点困惑。然而，如果咨询师相当频繁地回到这种模式，很可能会有这样一个时刻：来访者会努力减少对这种口头禅的依赖。

访-11：你知道，我一直在想那些我经常用的"有些"或"有点"和"应该"。我有点……我的意思是，我想放弃它们……至少暂时是这样的。

咨-11：（微笑）听起来你只是用了同一个类型的变体词。

访-12：（遗憾地）是的，确实如此。可恶，我是认真的。我已经厌倦了犹犹豫豫。（停顿，反思）你知道，我差点说了"我想"（I suppose）！天哪！

咨-12：那种需要明确所有事的感觉真的让你很难受，不是吗？这可能不仅仅是一个不好的说话习惯。你觉得呢？

访-13：（严肃地）是的，应该是这样的。哦，气死我了！

咨-13：你总是这样含糊不清，它让你很生气。

访-14：是的。（停顿）但更让我生气的是，你总是把这件事小题大做，所以我们似乎没有继续咨询工作。

咨-14：你很难看出，你需要用含糊不清的词，和你所认为的"咨询工作"之间存在的任何联系。

访-15：嗯，没有……我的意思是，可能有一点，但是我……不

是……我的意思是，我不能……（他停顿了一下，看上去很恼怒）

咨-15： 现在发生了什么？

访-16： （愤怒地）唉，气死我了！是的，我想我可以……我的意思是……我是说，现在就在发生的，我想跟你说清楚，而且……我是说，我以为我知道这是……

咨-16： 嗯？

访-17： 我想我明白了……可恶！我确实明白这是我来这里的部分原因。就是这些！你现在满意了吗？

咨-17： 你满意了吗？

访-18： 是的。我的意思是，没有。（停顿，痛苦地）我怎么会知道？我对自己什么都不确定！

当然，这个例子是相当简化和浓缩的，在这里所概括的内容中，也可能同时展开许多其他的卓有成效的治疗工作。这种工作很重要，因为它同时在做下面几件事：

* 开始教导来访者，咨询师将给予关注的不仅包括来访者所说的话，而且包括来访者以许多方式有意无意地展现自己和利用咨询机会。
* 鼓励来访者以一种全新的方式倾听自己，这种方式在整个咨询过程中都很重要。
* 唤起来访者的关注，开展行动改变自己的生活。也就是让来访者用自己的"第三只耳朵"倾听自己的声音。

隐性模式的潜在来源

对于一些看似微不足道的事情的关注（例如在上面的谈话中来访者犹豫是否要明确地表达出来），通常会引出其他的一些主观问题，而那些问题绝不是微不足道的。下面是一个简化的例子。

访-21：上次咨询结束后，我一直都在想我们讨论了什么，我开始回想起我向妻子求婚的时候是多么糟糕。直到她对我说"要么求婚，要么闭嘴"，我才开始这么做。你知道，好像我可能对事情过于谨慎。

咨-21："可能"……

访-22：是的，可能吧。我不确定。但有时候确实好像是这样。

咨-22：嗯。（停顿）"确实"，但又有"可能"和"好像"。

访-23：哦，可恶！听起来我不确定，是吗？但有趣的是，我真的开始明白了，我是如何一直给自己留后路的。我需要有个逃生舱，你懂的吧。

咨-23：对你来说，不把话说死很重要，是吧？

访-24：是的，应该是的。哦，讨厌！不是"应该"。我真的很清楚就是那么回事。唉！这听起来如此含糊不清，都给我整疯了，我真希望我能摆脱它。

咨-24：你认为你可以吗？

访-25：我不知道。（抱怨的语气）哦！这是一回事，不是吗？但是，你知道吗？当我觉得我必须完全用那种方式去说话的时候，我真的有点烦躁。

咨-25：你还没说呢。

访-26：好吧，我……（轻微的停顿，充满力量的声音）我要停止

说这些含含糊糊的话。(停顿) 至少，我要去试着停止去
说它们。

咨-26：(沉默，专注地看着来访者)

访-27：我甚至把它拉回来了，对吗？(停顿) 我不敢相信试着直
接把事情毫无阻碍地说出来，我是多么不安。(停顿) 我
想弄清楚我为什么会这样，但我知道那只是一种避免有
像我现在这样去感觉的方法。(又一个停顿) 哦，可恶！
你不会相信我有多想收回我所说过的话。

咨-27：你说了什么？

访-28：(有力的声音，坐直的姿势) 我要停止总是给我所说的一切
加上限制。(停顿，反思)

当然，这次咨询既没有结束来访者的过度限定的倾向，也没有修通潜
在的犹豫不决，怕在生活中犯错，而犹豫正是限定的根源。然而，来访者
在这个房间里所经历的斗争，对于进一步的工作是至关重要的。与探索这
种模式的个人史根源的努力相比，这种方式可能会更迅速。

就我们这里的目的而言，咨询师的注意力显然不仅仅是词语 (限定的
词)，而且是它所服务的潜在保护目的，这正是第三只耳朵倾听的产物。当
来访者逐渐认识到自己对这种模式存在依赖时，咨询师的任务就是去感觉
要向前推动多少，○以及如何让这种面质既有支持性又能持续下去。这是通
过使用沉默 (咨-26 是最明显的，但自始至终等待的节奏是很重要的) 和
平静地再次面质 (特别是在咨-24 和咨-25) 来实现的。同样至关重要的
但不那么明显的是，咨询师平静的在场 (内在的和外在的)，以及他明确支
持来访者去做自己的工作 (访-24 至访-28)。

○　See Chapter Four of *The Art of the Psychotherapist* (Bugental, 1987).

重要的是要认识到，这就是在和**阻抗**一起工作。被阻抗的不是心理咨询或咨询师，而是自我面质。

其他的阻抗模式

到目前为止，我们的例子都集中在来访者对明确的个人陈述上的阻抗。在受过良好教育的来访者中，这是一个相当常见的模式。这可能在某种程度上是因为适当的学术和科学写作通常会避免明确的陈述，除非是经过证明的事实。正如来访者逐渐认识到的那样，这也是避免被抓话柄，避免把话说死、没有余地的方式，否则必须为自己的观点或立场辩护。

来访者的第 14～18 次回应展示了，如果来访者在每一刻都能意识到他所表达的是什么、他所说的是什么，那么我们就可以看到他是如何发现自己讲错了而突然停下来的。

战略顺序：一个建议

在一系列有节奏的干预措施中，进行说明性的工作通常是有用的。因此，第一个阶段将包括对经常出现的阻抗模式进行反复确认（例如，避免明确的陈述）。当这种情况持续了一段时间，并且来访者已经意识到了它（并想要去关注它），接下来一个有效的做法是找到一个简单的关键词或短语来提醒来访者该模式的出现。（因此，例子中的咨询师只会重复关键字，例如"也许"。）

与此同时，咨询师开始让来访者懂得，这种模式是有原因的（咨–7和咨–12）。在这一点上，大多数来访者会做一件事或同时做两件事：他们可能会开始猜测该模式的必要性，或可能会质疑它的重要性（访–6和访-9）。咨询师应该认识到，来访者的这些反应从本质上来说都是更深层的阻抗。只有当咨询师对来访者的过程和需求形成了一种欣赏时，这种认可才会出现。那么，这可能是一个很好的时机，而且很有帮助。

类似的阻抗模式

喜好争论的来访者拒绝关注像我们在这里考虑的模式，这就展现了一个附加的、更有侵略性的阻抗水平。相类似地，那些不重视这种干预的来访者，会明显使用幽默的方式来逃避。无论是有意还是无意，这两种方式都可能试图将工作的重心，从来访者自身的内心转移到与咨询师的关系上。不够警觉的咨询师可能会发现在一段时间内咨询偏离了方向，当处理这种偏离时，咨询师可能会陷入大量的和徒劳的辩护和说服中。

一个普遍相似但更困难的阻抗模式是由充满敌意的、贬低他人的来访者呈现的。这些回应方式通常描述了一个感觉与别人非常疏远的人，对建立积极的关系感到绝望，转而将攻击作为建立关系的第一步或早期手段。咨询师在处理这种情况时需要具有辨别力。如果仔细思考这类来访者的反应，我们往往会发现，表面上生气的来访者并不是真的对咨询师生气，她只是放弃了获得真正理解或支持的希望。

还有一些情况是，当咨询师的反应中有力量和坚持时，来访者才会真正感觉到被看到，这时来访者的愤怒反应可能会出现。

在来访者和咨询师之间的交流中，出现愤怒反应是一个重要的关键时刻。当然，在这种情况下治疗联盟有可能瓦解。但这也为加深和加强咨询师和来访者之间的联系提供了机会。

咨询师需要认识到，有些来访者只有在咨询师面质他们的时候表现出力量和坚持，才会觉得自己被真正看到了。然而，即使是和这样的人工作，咨询师也不应该假装有自己不存在的感觉。但这很少是一个问题。那些需要经历愤怒才能真正被人看到的来访者，很可能是有挑衅的。可令人惊讶的是，当他们自己的愤怒得到相应的回应时，有时他们可能会表达出伤害和怨恨的感觉。

很明显，对于咨询师来说，对自己保持觉察、继续进行训练和判断是很重要的。这是一件要求很高的事情。这里有一个虚构的、高度浓缩的例子，来说明这将如何发生。

访-51： 你总是告诉我，我做错了什么。（音调上升）我认为你错了，你就是不肯承认。当我告诉你我有多受伤时，你应该帮助我，让我感觉好一点。可你却还挑我的毛病！（脸通红，很生气）好吧，我再也受不了了！

咨-51： 当我不接受这件事与你无关时，你真的感到很受伤。嗯，我还是不相信你是无助的，而且……

访-52： （打断）你又来了！我总是做错事，而你……

咨-52： （来访者停顿时，语速很快，语气很坚定地）海伦，等一下。我知道你现在很生气，我自己也不是很冷静，但这没关系。我们正在做我们需要做的事情，并且以我们唯一能做的方式去做。

访-53： 你是说你应该生我的气？我不认为……

咨-53： （强有力地）你值得！

访-54： （愤怒的语气）好吧，我……（停下，思考咨询师刚才说的话）你刚说什么？

咨-54： 我说，你值得我们生气。这不是什么不相关的学术问题。这涉及你的生活方式。

访-55：(震惊，愤怒减弱) 我……我没有……我以为你在生我的
　　　　气呢。

咨-56：我是生气。我对你低估自己的做法很生气。你不必为那
　　　　些琐碎的小事如此冲动，你总是让自己心烦意乱。

于是工作继续进行。

有时候，相关的模式也会在不同动机的来访者身上表现出来，所以咨询师必须谨慎行事，直到进一步理解了来访者反对的需求。习惯大事化小的来访者可能会生气，但也可能是对别人完全了解他们自己的需求而感到绝望。可悲的是，这种阻抗模式可能导致咨询师确认这种期待。

这些不同的例子不可能穷尽来访者愤怒时的所有反应，当然，也不可能穷尽咨询师所有可能的反应。

最后，可能还会遇到另外两种模式的来访者，他们的动机可能非常不同：依赖型来访者和过度使用奉承和恭维咨询师的来访者(但通常很少理解或使用咨询师提供的内容)。

在这两种模式中，对模式的一致性反馈通常会导致来访者继发的阻抗，它可能以上述某种形式发生。

底线：此时此刻的体验

有效的咨询师干预是针对来访者当下的体验，即**真实**。与此相反，心理咨询常常变成了一种"谁是凶手"的练习。在这种练习中，来访者和咨询师收集线索和复合信息，努力**理解**来访者的症状或问题表达了什么，以及它们是如何产生的。当这种情况发生时，心理咨询工作就远离了**真实**，这可能会失去在来访者的生活中产生真正的、持久变化的能力。

咨询师要去辨别并专注于来访者当下体验到了什么，同时让信息成为我们关注的次要角色，信息仅是来访者当前生活的形式而非实质。虽然对许多咨询师来说这很困难，但这一点无论怎么强调都不过分。

结论

一个客观事实是，心理咨询是非常困难的工作。之所以如此，是因为它要求我们不仅仅只是相对简单地处理明确的问题，去做出合理的解释，教授明显的阐释。

真实的心理咨询必须去面对人类存在的永无止境的模糊性；去面对语言只能部分表达出的意义和情感之间的细微差别；去面对通过我们对来访者所依赖的生命结构的处理所引起的一种矛盾状态；去面对我们都知道最终必须要结束我们和来访者之间的情感纽带。

—— 第 11 章

主体性的河流

我们的内心生活有很多内容都很重要，
却被忽视了

　　我们的文化非常强调外在的、显性的和客观的东西。20 世纪物理科学取得了惊人成就，为世界带来了翻天覆地的变化，我们文化上的这个趋势正是这一发展所带来的副产品。但现在，这个了不起的时代正进入到一个过渡时期，我们也需要认识到它迫使我们付出的代价：个体已经成为群体统计的一个个数值、可以彼此交换的一个个买家和消费者、广告和宣传的一个个目标；在各种"人类服务"计划、活动和机构的设计考虑之中，人们也只不过是没有特别之处的案例。

悲剧的是，人类甚至都不觉得自己有什么独特性了。个体生存完全基于主体性，但它却被大众营销、大规模社会运动，甚至可悲地被许多心理学和精神治疗理论和实践所操纵或蔑视。

　　因此，主体性作为每个人最后的家园，虽然受到威胁但从未被完全摧毁，成为操控的重点对象但从未完全屈服，而它也正是我们可以期待治疗性改变得以发生的基础。

什么是主体性领域？从根本上说，它才是真正的心理领域。它是丰富的、多维的、不断发展的和肥沃的内心世界，它是我们每个人的私有部分，也是我们分享深层自我的基础。心理咨询可以实现的任何持久性变化都主要发生在主体性领域。

我们每个人的内心都有一条河流，流动不息，我们把河流的意识层面称为觉察（awareness）或意识（consciousness）。从更大的背景来看，这就是我们的主体性。

关于我们的主体性的临床观察

我从事心理咨询已有半个世纪，过往的经验有力地向我证明了一个人的内心体验对这个人的生活有多么重要。不过，我在这里要讲的并非只有咨询师或来访者才能理解。我所讲的适用于每个人[⊖]。

我的咨询一般是这样的：一位新的来访者初次进入我的咨询室，我便开始了面对神秘性，一种无限的神秘性。而且我知道，在三年中的 300 次咨询之后，当这位来访者和我最后道别时，关于这位来访者和他的生活，仍有很多部分是我永远都无法了解的。

当面对任何一个人浩瀚的生命时，我们所有的专业技能和人道的共情都难免会相形见绌。当我们凝视每个人的主体性世界时，尤为如此。每个人都是一颗行星，我们只能在一定距离远远地看着它，但永远也无法完全探索它。

有个例子可以说明这一点。曾有一位经验丰富的心理咨询师写信给我，她说她愿意在一群心理咨询师面前接受我的咨询。在我们咨询后不久，她借走了我们谈话的录像带。看完之后，她写信告诉我她的体验：

⊖　当然还有我自己。

　　我着迷地看着录像带，从一个局外人的角度观察我自己的经历。我意识到我们作为咨询师，对内心世界正在发生之事的了解是如此之少，微妙的情绪波动里有如此多的迂回曲折，有如此多的画面出现在我的想象中，出现在我对谈话感受的回忆中。然而，那些真正可以被咨询师触碰到的，是相对模糊的部分。它以一种不同的方式强化了我们作为咨询师，是多么需要信任和鼓励来访者去做他们自己的工作。

　　这封信的作者表达了一种勇敢和成熟的观点。有太多的咨询师确信，他们已经知道来访者的所有需要被了解的信息，因此，他们也知道来访者在生活中应该去做什么。有这样的幻觉，就说明这个人对人性有着极其狭隘的看法。

　　在某种程度上，我们每个人对彼此而言都是一个谜。与大部分人的印象不同，妈妈在很多时候并不完全了解自己的孩子——这让妈妈感到沮丧，可往往也让孩子松了一口气。恋人渴望吞噬与他们心爱之人有关的一切，但所受的限制不止源于他们自身，也源于即便是在最坦诚相见的关系中，神秘性依然存在。传记作家往往很快就意识到，他们掌握的题材存在严重漏洞，有时他们会虚构情节使故事完整，有时他们也会承认自己的局限性，这就为评论家提供了素材。

　　确实是这样的。事实上，至少在某些重要方面，每个人对其他所有人来说都是一个谜，无论是咨询师、配偶、父母、孩子、兄弟姐妹还是其他人。我们都是谜，这是因为我们每个人都生活在一个独立的世界里。无论是有意识地还是无意识地，每个人都最真实、最充分地生活在自己内心的永远私密（主体性）的世界里。虽然我们的小世界有许多共同之处，它们之间可以进行丰富的交流和共享，但在很多重要的方面，它们仍然是独特的。

　　然而，这里有一个悖论：我们的共同之处主要在客观领域，我们的个性主要在主体性领域，可是，在主体性的深处，所有人甚至是所有生命之间都存在着一种更微妙的联系。

　　每个人因为自身的神秘性，给一段关系增添了趣味，使恋人们倍受挫折又无法自拔，也会使咨询师感到谦卑，而当我们在另一个人身上遇到这种神秘性时，它可能是至关重要的。我的一个精神科医生朋友就是因为这种神秘性而死的：他有个病人有一次去他的办公室拜访他，把他叫到门口，在我的朋友跟他打招呼时，那个病人开枪打死了我的朋友。

　　我们的专业技能无法洞悉所有神秘性，因而我们无法依靠专业技能让自己免于神秘性所导致的灾难。然而，从同一种神秘性中，也可能会产生意想不到的力量和理解。

　　我并没有用花哨的语言来描述"神秘性"。我认识到每个人更深层的本质，是任何语言都无法完全捕捉的。然而，如果我们真正学会倾听，那么我们每个人都能从自己的内心凭直觉感知到神秘性，也能从那些与我们有某种程度真诚关系的人身上感受到神秘性。这不仅适用于积极的关系，有冲突的关系也能让我们意识到，对手也有着高深莫测的内心。

　　正是由于这种神秘性，那些受客观主义观点束缚的人将其斥为肤浅，控制欲强的咨询师、教师和其他权威者则可能会认为神秘性无关紧要而不予理会。即使在内心深处他们对和自己相处的人有某种感觉，他们也坚持认为，自己不能花时间去担心，因为感觉总是太容易变化，所以也就不能把它太当回事。而且如果他们足够真诚，他们会说，其实也真的不知道该拿它怎么办。

主体性的内容

一谈到主体性的内容，似乎就是要用一种笨拙的假想方式，把各种各样有紧密联系的、在平时却看似毫不相干的人类功能放到一处。这样做挺好的，但把主体性看作一个容器，与它包含的东西相分离，这样可不太好。也许我们可以把主体性的元素或成分看作另一种标记方式，可以用它们表示我们内心活动的一些重要群落。

在查看下文的表 11-1 所示的清单时，重要的是记住主体性的两个特点：①主体性的范围实际上是无限的；②主体性意识（尤其是当我们试图用明确的语言对其进行表达时）往往是模棱两可、不完整和不确定的，而不像客观性那样可以在表面看起来很精确。

一个主体性"内容"或"要素"的不完全清单

很明显，下面这个清单是不完全的，把它列出来也没有花费太多工夫。这在一定程度上是因为对内在体验的分类，可能在揭示内心世界丰富性的同时，也掩盖了其丰富性。事实上，许多标准化的（和"客观的"）调查问卷和测试都试图坚持，重要的人类体验必须符合非常有限的一些可能性⊖。结果，从这种削足适履的扭曲中获得的答案失去了有效性。在交流这些经验时，要尝试保留主观体验的真实性。这是个严峻的挑战，但也十分重要，因为只有做到这点，不同的人才能够认识到我们其实拥有某种程度的共通性。

⊖ 人们会说那是紧身衣。

表 11-1　主体性要素的不完全清单

主体性要素的举例说明

❀ 自我 – 世界建构系统
❀ 意向性：想要、希望、愿意、打算
❀ 知觉的阐述：意义
❀ 前瞻性：期望、忧虑、恐惧、希望
❀ 学习：记忆、回忆
❀ 亲和型情绪：快乐、喜欢、骄傲、自尊
❀ 对抗性情绪：愤怒、对抗、敌意
❀ 压力：焦虑、痛苦、苦恼
❀ 失望：羞愧、内疚、恐惧、后悔、责备
❀ 想象力：创造力、创新、适应
❀ 人际关系：爱、友谊、养育、陪伴
❀ 性爱：肉欲、性倾向、施虐与受虐
❀ 竞争：欲望、嫉妒、贪婪、嬉闹
❀ 背叛：背信弃义、歪曲、诱惑
❀ 游戏：幽默、消遣、娱乐
❀ 驱动力：雄心、认真、竞争
❀ 奉献：信念、坚定、忠诚

这个清单还有另一个明显的意义：正是以上这些主体性特征，决定了一个人是令人仰慕还是遭人鄙夷、是高效还是怠惰的特质。

如果我们反思自己在处理内在过程这条**河流**时的体验，很明显就会知道，我们起码还是要花上一些时间，才能把我们的内在体验用语言表达出来。这是因为主体性是前反思、前言语和前客体性的。事实上，它的内涵比语言能够描述的范围要广得多。如果诉诸语言，那么我们就必须让实情严重失真（经常是扭曲），这是因为我们感受到的主观世界是无比广袤的。

意向性

主体性的一个重要内容是意向性，即我们拥有希望、需求和目的，并将其落实、改变甚至放弃的能力。意向性是将自我指导引向实操的一个概念。大多数咨询师都在试图暗中利用来访者的意向性，帮助来访者发现什

么才是对自己真正重要的东西，重新审视自己珍惜的依恋关系，或探索可能的行动方向。[一]

这些想法可能会让我们回忆起我们已有的认识，[二]在所有咨询工作中，我们都是在和世界上已知的最强大的力量进行工作。这就是**人类的主体性**及其推动力，我们将这个推动力称为**意向性**。

如果"意向性是最强大的力量"这个观念被夸大了，那么接下来就应该重新审视一个人如何理解这种力量。我们能够认识所知的世界，是因为我们拥有意向性。除此之外再无其他。我们以什么方式来认识一切事物，我们就在以什么方式建构世界。这是由意识所揭示的世界，是由我们的主体性所建构和解释的世界。我们能对"外面的世界"做什么，或者能在"外面的世界"做什么，都受到我们主观意识和意图的限制。人类的意向性不断努力去掌控其他所有力量和能力，既包括人类的，也包括非人类的。的确，正如希尔曼雄辩地阐述那样，**力量（power）**是我们这个世界的终极货币或者信仰。[三]

我们的生活是在主体性的河流上前进的。事实上，正如我们所看到的那样，我们的生活**就是**我们的主体性。如果我们让自己完全沉浸在客观世界中，我们就会把自己当成物体，当成事物。当这种情况发生时，我们就会变得毫无意义，无法满意地指导自己的行动和体验。

将人物化是我们这个时代的黑死病，它真的会使大量人口致残，有时甚至会致死，人们因此不能进行自我觉察和自我指导，因为人们把自己或他人当作物体来看待。

物体没有力量，它们只受外在驱力的影响。电池驱动的玩具或一个航天器必须由有意识的生命来指导和维护。而有时候，这些意识比**事物**自身

[一]　Bugental (1987, Chapter 12).

[二]　见第 9 章。

[三]　见 Hillman (1995)。

更了解事物自身的需求和潜力！

所以它就在我们的面前——不，是在我们的内心，甚至就在我写作时的当下，就在你阅读时的（另一个）当下。它就在这里，它就是我们所面临的最深奥的神秘性之一——我们自己的主体性。我们对它的性质、限制和力量、变形和终极潜力知之甚少！我们多么容易写出和阅读像前面几个句子一样的文字，然后就漫不经心地开始做下一件事！时不时地我们允许自己变成没有觉知能力的**事物**，这一点无须进一步证明了。

主体性内容不同于客观性

主体性内容在许多重要方面与文件柜或计算机磁盘的内容有着根本不同，以下是一些不同之处：

＊ 我们的主体性河流承载的内容，既有多个层面的意义，又有不断变换的、多种多样的意象，还有一系列的情感。这些意义、意象、情感变得清晰，继而模糊，然后消失，或者以变化的形式回归。这些内在过程表达了我们平常不能用意识捕获的许多东西。当然，无论我们是醒着还是睡着，内心都在如此变化。尽管我们还不太习惯认识到，清醒的意识与梦境其实有许多重合之处。

＊ 在这些有意识和无意识的内容中，最重要的部分是关于我们在理性或感性上判定的那些对我们生活有真正意义的事物，这就是**担忧**。[○]正如我们在第 4 章看到的那样，**担忧**是指我们对某些事物进行感觉和思考的模式，我们相信这些事情可能会对我们的生活产生重大影响——无论这种影响是有利的还是不利的。当我们物化自己或允许自己被物化时，我们感受自己担忧的

  ○　Bugental（1987, Chapter 11）.

事，以及对其采取有效行动的能力就会受到很大的损害。

❋ 主体性"内容"只有小部分以语言的形式存在。它们大多存在于认知、情感和意向性元素组成的前语言和超语言的"星座"中，而这些"星座"也在持续不断地流动和相互作用。

❋ 这些"星座"没有明确的边界，而是内部元素互相渗透，并且都受到外界输入的影响，因此可能存在的排列组合在很大概率上是无限的。正是由于主体性具有这种潜力，各种各样的创造力才能够形成。这是主体性不断活动的一个例子，我们称之为**搜寻**。

❋ 主体性的内容可以被无限地"展开"，以前被认为与初始的入口无关的材料也被带进意识中。[⊖]当我们专注于生活中的一些问题，同时也对自己主体性的变动保持开放的态度时，我们会发现新的组合、新的可能性和意想不到的解决方案。

精神病学家罗杰·沃尔什曾如此描述他是如何发现自己的内在过程及重要性的："我开始更清晰地感知到不断变化的视觉图像……这些图像巧妙地象征着我在每时每刻的感受和经历。这是一个以前从未被知晓的金矿，蕴藏着关于我自己的信息以及我的体验的意义。"[⊖]

主体性的动力学

主体性当中不存在"使用指南"，这是那些与主体性打交道的人常常意识不到的。因此，不少乐于助人的咨询师很可能会受挫，继而开始依靠语言上明确的指示或其他不可靠的替代品。但是明确具体的操作程序只可能

⊖ 当然，这是弗洛伊德的自由联想（free association），简德林（Gendlin）的聚焦（focusing）（1978 年），威尔伍德（Welwood）的展开（unfolding）（1982 年），以及我更愿意称为搜寻（searching）（1978 年，1987 年）的基础。

⊖ Walsh (1976).

在客观领域出现（或在主观材料已被**简化**为客观或明确形式的情况下）。咨询师会对来访者说"你需要结交一些新朋友"，或"不要再期待奇迹"，或"下次我会告诉你你应该对他说什么"。

这意味着不存在有效的方法来回答类似这样的问题："我怎样才能判定我真正想要做什么？""我怎样才能知道昨天究竟是什么让我如此心烦意乱？""我怎样才能更深入地了解自己？"我们可以为如何让机器运转，如何按照某条街道的路线行走，或如何在字典中查找单词的意思撰写指南，但是关于一个人对于内心世界的问题，我们无法提供详细类似的逐步操作方法。

意向性是我们主观活动的来源或基础。虽然我们没有"使用指南"，但对那些提出此类问题的人来说，我们可以帮助他们探索他们此时此刻关切的任何事情，他们的推动力有哪些在意识层面，哪些在无意识层面。换句话说，如果一个人的主观意向性只有一个，相互不冲突并且充满能量，那么他就会发现自己已经在执行所期望的主观进程了。如果感到这样很困难，那么通常存在主观上的冲突，或者没有聚焦到某个担忧或某些情绪上⊖——这些情绪里面的每一个都是值得进一步搜寻的重点。

重要的是认识到，这和那种盲目屈服于冲动的方式是非常不同的，有时它们之间会混淆。与之相反，这是一种对自己的意图和价值观有意识的和要求极高的对抗。只有当阻碍和冲突的推动力被正视和修通之后，人们才能因为主体性的聚焦带来的迫切感而立即行动。

⊖ 在这一点上，许多共情和主体性取向的咨询师会不同意我的观点。我坚持认为，在主体性上通过向来访者提供有关使用指南的指导而获得的任何收益（"别再忧虑了，去做些积极的事情吧""你一次又一次地回到这同一个主题，是时候做点别的了"）都将被证明是短效的，并以牺牲来访者的自主性和生命潜能为代价。当来访者一次又一次地回来为了获得进一步的指导时，这样的代价就会显示出来。事实上，这是促使来访者持续多年接受咨询的一个因素——它是其中的一个因素，但不是唯一的。

创造力和主体性

我们认识到主体性内容的无限组合是可能的，搜寻过程也可能是探索这些组合的过程，便可以推论得出主体性就是创造力的源泉。由此我们也可以得出结论，一台高性能的计算机可以像人类一样"有创造力"（或者更有创造力），因为这样一台计算机肯定可以使所有可能的匹配更彻底、更迅速。

推论至此，看起来还比较合理。但哪些匹配将被证明是有创造力的呢？有进入主观的吗？还没有。是人类指示电脑去寻找符合特定要求的匹配。这些要求从何而来？它们来自以前的经验，不管那是机器的还是人类的，但在某种程度上那是"经验"，而不仅仅是打印件。

这里的重点并非在可能匹配的无限性上。无限配对也许能解释物理（客观）问题上取得的一个突破，但它几乎不能解释莫扎特的《g 小调第四十交响曲》或莎士比亚的《哈姆雷特》或同类作品。

但这里仍然隐藏着一个问题。所有最终被认可的创意产品，都是这样盲目匹配的结果吗？或者在某些情况下，是否存在一些关键因素，而这些因素是来自创意者的主体性呢？

从一个不同的角度来看，想想一个新生儿，是不是给我们熟悉的、客观的世界带来了一系列令人难以置信的潜在可能性呢？但这些只是可能性。让所有这一切可能性都实现是不可能的。"将来会怎样"，要看婴儿受到了哪些影响，这些影响为他从储存着各种可能性的巨大仓库中挑选出了哪些潜力去实现，⊖这些影响则来自婴儿的父母、其他家庭成员、玩伴和学校、家庭所处的文化、历史所处的时期、在其成长过程中占主导地位的经济状况，以及不可避免地受到无法预知的际遇的影响。

⊖ 有些人说，甚至在怀孕之前，就有一些潜在的影响，会对孩子生命的形成具有重要作用。

而到这个仓库挑选的，还有这个婴儿，这个孩子，这个人自己。

这是什么意思呢？这意味着一个人不仅仅是遗传加上多种环境影响的总和，而是还有更多。机械形成论会说，这是一派胡言。抱守传统智慧的人会问，那多出来的东西又是从何而来的呢？

这里面有一种背叛。有许多外部影响造就了新生儿的可塑性，我们接受这一点没有问题。但是一旦说婴儿的内在也有东西参与了这一决定自身命运的过程，我们就止步了。

那些认为人就像机器一样的人，就持这种立场。他们坚持认为，只有用某种方式从外部投放进去的东西才是有重要意义的，甚至才是可以被想象的。但当被问及爱因斯坦、贝多芬、惠特曼、马丁·路德·金、史蒂夫·乔布斯或其他任何从人类社会中脱颖而出的、以各种形式展现非凡力量的人又是怎么回事的时候，他们要么哑口无言，要么车轱辘话来回说。

这是一个谜——与我们生活相伴的许多谜之一。那些和我们的共性一样多、一样明显的个体差异，该如何解释呢？

答案很简单：我们不知道。但是，若我们竭力坚持把人类看作空洞的容器，那么我们并不会更接近答案。那种对人类是容器的迷信总是试图阻止我们对未知的探索。

主体性与世界宏观问题

同样的否定也使我们无法认识到：世界上所有宏观问题从根本上讲都是主体性的问题。在这些宏观问题背后，提出的是有关人类意向、动机和价值观的问题。现在是时候让人文科学来解决主观问题，接受那个领域的知识总是模糊、不完整和不确定的，[○]并继续拯救我们的世界了。在主观领

○　一切知识都是局部的知识，都是暂时的。"最高难度的"科学总是在进程中，不断发展，永远无法对任何事情做出最终结论。

域，我们可以做出**观察**，但不能发现永恒的**规律**。

事实上，即使是最客观的科学——天文学，也在教导我们，我们永远无法真正看到"外面"有什么，我们常常看到的只是我们自己。无论我们的工具多么精巧，无论我们在自己和客观世界之间引入多少干预设备，我们仍然局限于我们的感觉器官所能辨别的和我们的头脑所能理解的内容，也就是说我们局限于主体性。

我们的文化非常重视客观性。我们相信，物理科学和技术的许多奇迹正是这个品质具有卓越性和高效性的证明。而当这样做的时候，我们却忽略了，这些成就同样展示出了一系列个人品质的重要性。

如果没有远见，没有战胜失败的决心，没有尝试看似不可能的事情的意愿，没有为我们带来这些奇迹的科学家和技术人员拥有的许多个人品质，这些奇迹就不会存在。

在所有的创造力中，一个重要的主观因素是选择关注自己的内在过程——我们把它称为预感、直觉、坚持，甚至或者是对一些想法和可能性的"把玩"。

对于许多刚接受心理咨询的来访者来说（实际上对于许多心理咨询师也是如此），他们的期望是收集、组织、诠释和反馈信息，从而产生想要的结果。这种模式只能有效地用于短期工作，用于处理意识层面上的问题，并且用于处理有限的目标。

很多（即使不是大多数）促使来访者接受心理咨询的问题，其实是贯穿于其一生之中的各种微妙影响力的综合作用的结果。任何对来访者信息的收集，都不太可能接近全面完整。此外，如果我们把情绪阻塞的影响纳入考虑之中，那些容易（客观地）获得的信息几乎总是被扭曲，而且总是不完整的。

结论

人类曾经被认为是宇宙的中心。神栖身于我们之中，侵入我们的生活，嫉妒我们终有一死。英雄们骄傲地驰骋于世界各地，参加伟大的战斗，赢得光荣的胜利，死于可怕的悲剧。人类在自己眼中是辉煌灿烂的（即使普通男女过着粗野的生活）。

如今世事变迁，我们被驱逐出宇宙中心的伊甸园，一次又一次地让自己被推向宇宙戏剧舞台的边缘。而我们中的一些人似乎还从记录自己的低俗粗鄙和微不足道中找到了奇怪的乐趣。是时候回顾帕斯卡尔于 1670 年说的话了：

> 太过频繁地（向人类）展示（他们）与野兽平等，却不（向他们）展示（他们的）伟大，这是危险的。过于频繁地展示（他们的）伟大而不展示（他们的）卑劣也是危险的。（让他们）对这两种情况都一无所知更是危险的。但把两者放在一起展示是可取的。

我们生活的这个时代存在着巨大的压力迫使我们物化。不仅是主流的人类科学，还有许多社会和文化的影响也在逼迫我们放弃自己的主体性，否定我们的内在主权，让我们跟随流行和被认可的趋势⊖——用帕斯卡尔的话说，逼迫我们屈服于我们的卑贱，变成野兽。但这样做，就是背叛我们的传统、我们的潜力、我们的天性以及我们作为一个物种的未来。

可悲的是，心理学和精神病学的相当一部分，本应构成抵抗物化的第一道防线，却成了贬低人性最为持久的一股影响力。对于太多的心理咨询

⊖ 德克曼（Deikman，1990）针对我们如何以这种方式颠覆我们自己的存在，贡献了一份卓越而详尽的文献。

师来说，"主观"等同于"错误"。这个等式至少部分地来自 18 世纪晚期（如冯特、费希纳）使主体性变得客观化的努力。那时的主要目的是将心理学从哲学和宗教中解放出来，但主体性自身亦失去了价值。

今天我们正在回归哲学。长久以来，我们天真地对精神弃如敝屣，而如今，对精神的关注也正在赢得知识界的尊重。

我们必须认识到（但通常在被压制），所谓的客观性是我们从包含众多可能性的宇宙中做出的一种选择——**而且是经由主观考虑后的选择**。许多领域对客观性并没有达成普遍的认可，而且人们对它的反应也带有很强烈的主观色彩。[⊖]

在漫长的等待之后，我们好像终于踏上了回家之路，回归自己的本性，回归对自己的承诺。

⊖ 意识到别人的观点可能与自己的观点不一致是令人痛苦的，尤其是当一个人的职业和声誉都基于这种观点时。

———— 第 12 章

来访者的视角

每位来访者走过的心理咨询之路都是独一无二的[○]

　　在这一章，我将描述与一位来访者进行咨询工作的大致情况以及这个过程中的一些有代表性的内容。咨询过程是虚构的，糅合了几位真实来访者的故事，并不完全来自同一位来访者。虚构情节有个好处，就是方便对情节进行压缩和精简。在构思时，我尽量选择尚未在前几章出现过的情况。

　　○　但也并不都是如此。

来访者（以下简称"访"）：斯坦·道奇

咨询师（以下简称"咨"）：布鲁斯·格雷厄姆

（在电话里）我想约个时间见格雷厄姆博士……我叫斯坦·道奇。安·霍尔斯塔德介绍我来的……我希望能尽快。我是说，这不是什么紧急情况，但是……但是越快越好……是的，星期三的四点可以……谢谢，我知道他的办公室在哪里。

访谈 1

咨-1.1：（在等候室）是道奇先生吗？我是格雷厄姆博士。你想现在进来吗？

访-1.1：好的，谢谢你。（走进办公室，坐到格雷厄姆博士指着的椅子上）我之前从来没做过咨询。你有什么问题要问我吗？

咨-1.2：你在电话里说你想早点预约。是最近发生了什么事让你有这种感觉吗？

访-1.2：没有。（停顿）嗯，是的，有点。我是说没什么特别的，但是……我想……我想在某种程度上……这还是有点特别的。

咨-1.3：嗯？（询问的语气和态度）

访-1.3：我的意思是，我感觉不太舒服已经有一段时间了，但是上周……

咨-1.4：上周？

访-1.4：上周，我正在教授入门课程的一个部分。我是个老师，在城市学院教授美国历史。总之，我不记得那时我正在讲什么了，那是关于联邦党人的一节课，然后……

然后我突然看到了坐在第二排的那个女孩。我不知道她叫什么名字，或者其他的信息。你知道，入门课程报名人数很多。总之，她身上有些东西，我想可能是她扭头的样子。然后我突然意识到我已经没再讲课了，我只是在盯着她看……我都没再说话了！而全班同学就坐在那里……也许有一分钟，然后他们开始有点焦躁不安了，接着我就如梦初醒，你知道吗。我不知道我刚才讲到哪里了，所以我转而谈论杰斐逊对某件事的态度和其他内容，然后结束了这堂课，提前十分钟下课。我想没人会对这件事多想，但我回到办公室，关上门，坐在那里，浑身发抖！我真的是在发抖。我的手在微微颤抖，但在我的内心深处，我感到了更强烈的颤抖。

咨-1.5：嗯哼。

访-1.5：我想可能是我的心脏出了问题，但我知道不是。

咨-1.6：你的心脏没出问题。

访-1.6：是的。我知道这不是身体上的原因，但我想我不应该冒这个险，所以我打电话给哈里·爱默生，我的家庭医生。你认识他吗？

咨-1.7：我不认识。

访-1.7：不管怎样，他让我直接去他的办公室。他检查了我的心脏，问了问我健康状况之类的问题，然后他说他找不到任何可以解释这种反应的理由。

咨-1.8：所以？

访-1.8：所以我给你打电话。然后我就来了。

咨-1.9：然后？

访-1.9：　我知道你还没法跟我说什么，但你能看出来我为什么认
为我应该尽快和你谈谈……你知道的，我们可以安排个
时间。

咨-1.10：当然。

访-1.10：所以……我应该如何开始呢？

咨-1.11：你已经开始了。

访-1.11：嗯。(停顿) 我明白了。嗯，你现在有什么问题要问
我吗？

咨-1.12：你可以跟我介绍一下你自己，还有你最近过得怎么样。

访-1.12：好。我是斯坦·道奇……哦，你已经知道了！是的，
嗯，我今年48岁，已婚，我有两个孩子：罗伊18岁，
詹妮丝15岁。我的妻子米兰达，我经常叫她米拉，今
年48岁。我和她之前都曾有过一段婚姻，但我们已经
在一起21年了。

我自己的第一段婚姻很短暂，那是青少年时的奉子成
婚。孩子出生后不久那段婚姻就结束了。母子双双死
于一场事故，孩子只活了几个月，而我远在东部，正
想着解决怎么考上大学，同时怎么养活我家人的问题。
朋友们说这是个悲剧，但也是很幸运的事，他们觉得
我还没有准备好进入婚姻，我需要完成大学学业。我
想他们是对的。海伦和我一直深爱着对方，但今天我
在想那是不是主要因为性兴奋。我们是彼此的初恋。

咨-1.13：我明白了。

访-1.13：我刚说了，我在城市学院教历史，教美国历史。我在那
里已经待了14年。这是份好工作，我喜欢孩子。每隔

一年的夏天，我可以和米拉一起找个地方去旅行一个月。今年我们本来要去希腊的，但不知怎么搞的，我把安排旅行的事一推再推，一天到晚只是游手好闲，没做多少事情。

咨-1.14：只是游手好闲。

访-1.14：是的。所以我告诉安·霍尔斯塔德我有点不对劲了。安的丈夫本，他是我打高尔夫球的伙伴，我们是很久的朋友了。他们俩都接受过心理咨询，他们总是告诉我，我需要进行心理咨询。我想你是知道的，安总是很有热情去给那些从没接受过心理咨询的人"传教"。他们都认为心理咨询是解决一切问题的答案。我不认为我是那类人，但在发生了这些事之后，我觉得接受一两次心理咨询可能是个不错的想法。

咨-1.15：你怎么看待这些事情呢？

访-1.15：我不知道。我尝试过很多次，想解开这个难题，也就是关于那个女孩的事。

咨-1.16：嗯？

访-1.16：她触动了我心里的一些东西。我想了很久，还是想不出那个东西到底是什么。（停顿，困惑，叹了口气）我觉得我昨天在书店看到她了，我只是看着她，但什么也没发生。这可难倒我了。她长得漂亮，但也没什么特别的。她像现在大多数年轻女孩一样漂亮，我对她也并没有任何特别的感觉。

咨-1.17：你没有任何感觉。

访-1.17：没有，什么都没有。我问自己，她是否让我想起了什么人，但我什么都想不起来。我不知道我是否在某些方面对她有欲望。偶尔会有学生让我做白日梦……但不是和这个女孩。我查了我的课程列表，但我不知道她叫什么名字。我真的很困惑。你怎么看呢？我怎么才能搞清楚呢？

咨-1.18：听起来你好像已经很好地尝试去搞清楚，但是没有什么效果。

访-1.18：是的，是这样，但是……（他期待地等待着）

咨-1.19：你想知道我能帮上什么忙。

访-1.19：是的。我们现在该怎么办？

咨-1.20：嗯，不妨这样想。你已经直接面对了问题，但还没有得到答案。可以这么说，也许这时你需要绕到这个问题的后面去看看。

访-1.20：我们要怎么做呢？

咨-1.21：嗯，让我们想想在你的生活中发生了什么。

访-1.21：是的……我明白了……但这听起来是个大工程，可能要花很多时间。

咨-1.22：是的，可能是这样的。

访-1.22：嗯，学院有一个教职工健康计划，我想他们会给我五六次咨询机会。

咨-1.23：斯坦，你喜欢别人叫你"斯坦"吗？

访-1.23：是的。可以。

咨-1.24：我是布鲁斯。（停了一下，看看斯坦的脸）我要花一分钟时间稍微说点其他的，因为这可能是件小事，也可能对我们的合作很重要。

访-1.24：好的。

咨-1.25：正如我所说的，这可能只是一个小问题，但重要的是认识到，健康计划并没有给你什么东西。你得到的任何福利都是你努力得来的。你已经为你得到的东西付出过代价。这已经是属于你的福利了。认识到这一点，你就应该知道，在许多健康计划里，如果你需要咨询，不用管他们说上限是多少次，你可以做更多次的。

我们有点偏离了你来这里的主要目的，但我觉得有义务对你直言不讳，因为这些计划往往是骗人的。

访-1.25：是的。我听说过。谢谢。

咨-1.26：不客气，但其实不用谢。

访-1.26：不管怎样，我觉得你是在告诉我，我们不可能在几次咨询内解决这件事，是吧？

咨-1.27：可能是这样，不过我也不能说我们需要多少次。从长远来看，你想走多远取决于你自己。

访-1.27：（心烦意乱地）是的，我想是的。（停顿，开始说话，停下来，深呼吸）你认为会花很长时间吗？我是说，安·霍尔斯塔德来这里好几年了。你觉得我也得这么做吗？

咨-1.28：斯坦，我真的不知道你要来多久。从长远来看，这只有你能回答。我可以告诉你的是，我认为五六次咨询不会有多大效果。你告诉我的事情清楚地表明，这些天在你身上发生了很多事情，这意味着我们必须有足够的时间，让你能利用这个地方来搞懂一些事情。

访-1.28：（他心事重重，挣扎着回答）是的，我明白了……我想我

最好试一试。你知道的，我的生活很正常，没有大的
创伤或其他什么事情。我是说，我看不出几次之后我
们会聊些什么。我想那时我们慢慢就会发现，是吧？

咨-1.29：是的。(停顿，等待斯坦消化他刚说的话)今天的时间
差不多了，我们来谈谈你多久来一次，什么时候来。

访-1.29：嗯，今天是星期二。我可以每周二的这个时间来吗？

咨-1.30：是的，可以。但我建议你一开始每周至少来两次。你需
要一点时间来学习如何使用我们在这里的工作，这样
你才可以得到最大的收获。

他们安排了每周两次的咨询，并处理了其他细节，然后斯坦离开了。

访谈 3

斯坦准时到达，似乎很期待咨询，他轻快地走了进来，坐到来访者的
椅子上，和咨询师互相问候。他显然准备好了要提出一个问题。

访-3.1：有一件事我想问你，你觉得什么东西可能会导致我如
此强烈的反应，就像我对那个女孩那样？顺便说一句，
我知道她是谁了，我是说，我知道了她的名字，贝弗
莉·坎贝尔。(停顿，反思)我的意思是，我以前从来没
有遇到过这样的事情。你认为我们要寻找的是什么样的
东西呢？

咨-3.1：好吧，我可以给你一个大致的答案，但它可能不会有太
大的帮助。不妨这样想，在以往的经历中，我们都有许
多感情经历，而其中许多感情经历在某种程度上是不完
整的。当我们当前生活中的事件与过去的感情经历中的

事情相吻合时，我们就会得到一种部分是当前的、部分是过去的主观体验。

访-3.2：（模糊地）是的，我……嗯……这个意思我明白，但是……

咨-3.2：你可以把它想象成一个大保险柜，要转动密码锁两三次，拨对号码才能打开。大多数情况下，你旋转表盘并不会有正确的组合，但偶尔你会很意外地做到，然后会突然发生一些意想不到的事情。

访-3.3：这意味着，除非你知道密码组合，否则这是一个漫长的努力过程。你知道密码吗？

咨-3.3：我不知道，但在某种程度上你知道。这并不是像你知道你的电话号码那样清楚，但是你知道怎么找到密码，就像你知道你如何才能找到你在另一个城市的朋友的电话号码一样。可以说，你必须去追查它。

访-3.4：我要怎么做呢？

咨-3.4：你上周二有过这样的经历，对吗？

访-3.5：嗯。

咨-3.5：所以在你的内心深处，你一直在触碰对你来说在情感上很重要的东西。现在你必须跟随你内心的感觉和想法，这样它们就会把你引向你的内心世界，那正是你要探索的方向。

访-3.6：我要怎么做呢？

咨-3.6：你已经开始了。当我从你的声音中感到你非常关切这个问题的时候就开始了。当我们在一起的这段时间，你时不时感受到，有一种东西对你来说很重要，但你还不知道是什么，这个时候，你就已经开始了。接受这种感觉，让它带你去它需要去的地方。

访-3.7：我不明白你的意思。

咨-3.7：然后呢？

访-3.8：（有点被激怒）你说"然后呢"是什么意思？

咨-3.8：你说不明白我的意思。当你不明白我的意思时，然后你的内心会发生什么呢？

访-3.9：我感到困惑。我觉得好像……我不知道你想让我做什么。

咨-3.9：然后呢？

访-3.10：（恼怒地）我觉得你在逗我，而且……

咨-3.10：而且……

访-3.11：我不喜欢这样！你想让我发疯吗？

咨-3.11：斯坦，我要停下我刚才正在做的事情，来做一些解释，但我不会总是停下来，因为那样会阻碍需要你去做的工作。

访-3.12：我不明白。

咨-3.12：我知道，所以我现在才停下来跟你解释。很可能还会有其他时间，若是我们继续在一起工作的话，可能有时候你希望我停下来，但我不会。

访-3.13：你是说你想让我生气？

咨-3.13：是也不是。我想帮助你了解自己的内心，你在那里生活得更充分，但我们要以一种不同于你所熟悉的方式进行。不是你在正式场合和商务场合感到局促不安那样，而是你要更专注于你的内心正在发生的以及你正在体验的事情。只有这样，你才能找到真正的密码组合，

打开你的内心世界，并且明白这一切是怎么回事，进
入你通常不会意识到的层面。

访-3.14：能不能省略这些没用的东西，让我直接告诉你吗？

咨-3.14：请告诉我为什么你上周对课上的那个女孩有那样的反应。

访-3.15：（停顿，反思）嗯……我想我明白你的意思了。你是说
我没法告诉你，因为我心里有个地方，是我没有意识
到的？你就不能给我催眠然后找到它吗？

咨-3.15：斯坦，那可能有用，但如果我发现你有那种反应是因
为某个原因，而我是通过绕过你的意识才发现这一点
的，然后呢？假设你那样的反应，是因为她让你想起
你 14 岁时见到的一个表姐妹。那又怎么样呢？

访-3.16：那我不就能摆脱那种反应，让它不再发生吗？

咨-3.16：不能。

访-3.17：不能吗？为什么？

咨-3.17：因为在我们心中，所有东西都是相互关联的。例如汤里
的配料，你不可能仅仅把一种配料拿出来，就像你如
果想把胡萝卜和它的味道从蔬菜汤里拿出来，就一定
会让锅里剩下的东西受到影响。回到我一分钟前的例
子。你真的有一个表姐妹吗？

访-3.18：是的。不过她比我大。

咨-3.18：没关系。现在我们假设你对那个学生有反应，是因为她
让你想起了那个表姐妹。那又怎样呢？你现在要怎么
处理这个信息？

访-3.19：嗯……嗯，等等。（思考）我不知道。很难想象。我的
意思是，我可以想出一些方法让她在某种程度上跟这

件事关联起来，但这有点假。

咨-3.19：这才是重点。你需要更多的内心体验，这才能让它变得有意义。

访-3.20：是的。（气馁地）我不知道。也许我应该把整件事都忘掉。

咨-3.20：你做得到吗？

访-3.21：我已经试过了，而且……可恶，我不知道该怎么办。

咨-3.21：斯坦，我们先把那个学生和你对她的反应暂时放在一边。可以吗？

访-3.22：我觉得可以。好的。

咨-3.22：你最近的生活总体上过得如何呢？

在经历了一两分钟的"换挡"之后，斯坦说自己的生活总体上还好，与妻子和孩子的关系非常好，只是在给18岁的儿子设定界限方面出现了一些问题。然后慢慢地，斯坦开始透露他最近发生的变化。

访-3.23：已经有一段时间了，可能有六个月或更久，我一直坐立不安，心事重重，有时还会有点烦躁易怒。我也不知道为什么。也许是因为快50岁了，我到11月份就49岁了。也许是眼看着孩子们要离开家了，也许是米拉在更年期有点喜怒无常……也许是所有这些。我不知道。

咨-3.23：这些天你的生活中发生了很多事情。

访-3.24：是的……很多。你认为这件事……你知道的，我班上的那个女孩这件事，和这些变化有什么关系吗？

咨-3.24：有的。但是当我说它们有关系的时候，我真正想说的是，它们是你和你的生活中发生的所有事情的一部分，这告诉我们它们之间有联系。我们现在还不知道这些联系是什么，甚至不知道现在研究它们是否重要。随着我们在一起工作，这些问题会慢慢在咨询中得到回答。

访-3.25：听起来有点含糊不清，是吗？

咨-3.25：是的。咨询工作刚开始时，往往都是这种情况。

访谈6

三周后，斯坦开始了解他们的工作是如何进行的了，但他仍然不确定自己和咨询师在这个过程中扮演什么样的角色。今天，他刚好在约定的咨询时间到达。

咨-6.1：（打开咨询室的门）嗨。斯坦。进来吧。

访-6.1：（上气不接下气地走了进去，然后扑通一声坐到来访者的椅子上，夸张地大喘气，表情释然）呼！我做到了。你知道吗，我还以为我肯定会迟到呢。（喘着粗气）你好吗？

咨-6.2：很好。你以为你肯定会迟到是吗？

访-6.2：是的。我忙着学生面试的事，忙得都忘了时间，然后我突然想起来了，然后……但我最后还是没迟到！

咨-6.3：嗯。

访-6.3：是的，是的。好险哪。但我做到了！

咨-6.4：（严肃地）斯坦，我听到你一直在重复说你做到了。把那个信息传达给我，对你来说似乎很重要。

访-6.4：（惊讶地）哦，不。只是我进行了这些面试，然后……

咨-6.5：（打断）等等，斯坦。花点时间，向内在看看。听起来你好像有什么事想让我知道似的。

访-6.5：（迷惑，开始抗议，暂停）哦，没有。等一下。我有点明白你的意思，但是……但真的没什么大不了的，而且……

咨-6.6：斯坦，我又要打断你了。我听到你想要安慰我，还想说你自己内心的想法并不重要。

访-6.6：嗯，是的，也许……你是觉得我漏掉了一些东西吗？我只是觉得……

咨-6.7：你是漏掉了一些东西，我很确定，但那已经过去了。可你此刻还漏掉了另一件事，我就是想帮助你去识别出这件事。

访-6.7：好的，当然。（他好像变成了一个很乖的小学生）

咨-6.8：现在，在你的内心发生了什么？等一等！不要太快回答。花点时间去发现。

访-6.8：（停顿，脸部表情专注，眼睛向下，开始想说话，又停下。然后他的脸放松了一点，他也变得更安静了。最后，他抬起头来）呃，我不确定。我的意思是，我只是觉得心里有很多不同的东西。我不太记得我们刚才说了什么。

咨-6.9：回到你的内在。慢慢来。一开始都很难做到。

访-6.9：是的。（他专注于自己的内心想法，面无表情，呼吸微弱。过了一会儿，他抬起头，屏住呼吸，张开嘴想说话，然后又停了下来）

咨-6.10：（非常安静）慢慢来。

访-6.10：是的……是的，就像你说的那样，那里有很多东西，但是我很难用语言表达出来，你知道吗？

咨-6.11：是的。一开始很难。

访-6.11：你认为这个重要吗？我的意思是，这样看起来很蠢，而且好像也不会有什么帮助啊。

咨-6.12：(从容不迫地坚持)斯坦，这很重要。这是你自己的生活，此时此刻正在你的内心中发生的你的生活，你需要对它有更多了解。

访-6.12：是的，我想是的。(仍然有些在沉思)

咨-6.13：(默不作声，专注地看着来访者)

访-6.13：(有点想通了)所以那就是你一直想让我去触碰的地方，对吧？

咨-6.14：是的。那是通往你内心世界的大门。

访-6.14：嗯。是的，但是很多看起来都没有意义，对我在这儿需要做的工作也没多大帮助。

咨-6.15：好家伙！去珍视自己的内心世界对你来说很困难，是不是？

访-6.15：嗯，这没有多少实用性啊。我可以自己坐着，做着白日梦，也不用花一大笔钱来买咨询时间呀。

咨-6.16：你没有深入研究它，就认为它不实用。就像一个人因为不喜欢封面，就拒绝了一本书一样。

访-6.16：不是，说真的。我随时都可以做那样的事。但我在这里的时候，我需要解决真正的问题。

咨-6.17：比如？

访-6.17：比如我为什么最近这么紧张，或者几周前我在教书的时候是什么东西引发了我的那种反应。顺便说一下，从那以后我观察了那个女孩好几次，但什么都没有……什么都没有。（他打了个大哈欠）哦！对不起……我不知道那天发生了什么事，但现在已经过去了，我不想再在这上面浪费时间了。

咨-6.18：你这么快就把几周前还让你烦恼不已的事情抛到脑后了。

访-6.18：（打了一个哈欠）我想是的，但那又怎样？（停顿了一下，揉了揉眼睛，又打了一个哈欠）我的意思是，这是过去的事，何必还要翻出来呢？我……嗯……

咨-6.19：你看来在挣扎着保持清醒。

访-6.19：是的。（打哈欠）哦，我知道为什么，我今天还没有喝咖啡。你知道的，我想准时到这儿。

咨-6.20：嗯。你觉得这和我们所说的有关系吗？

访-6.20：不，我只有在早上喝完咖啡后，我才能有一个好的状态。

咨-6.21：你看起来很积极。

访-6.21：是的。不管怎样，我想告诉你我和部门主管的谈话情况。

咨询继续进行，斯坦谈到了来自部门主管的压力，要求斯坦发表更专业的作品，还谈到了他最近与儿子的分歧。有几次，咨询师在斯坦描述的内容中指出了他投入的情感，但斯坦似乎觉得这只是咨询师的一些个人习惯，他最多只是承认咨询师的观察，然后就继续进行更多的描述。

咨询师知道，斯坦需要至少有一次"已经把自己的故事讲出来了"这种感觉，这一点很重要，所以他在听的时候没有打断，同时也熟悉了斯坦的自我存在方式。

访谈 17

访-17.1：（走进来，情绪低落地瘫坐在椅子上，避免直视咨询师）嗨。（沉默，目光低垂。几分钟过去了。咨询师期待但沉默地看着来访者。然后，斯坦做出了明显的努力来打起精神，坐起来，终于在这次咨询中第一次直视咨询师）你怎么不问我问题呢？

咨-17.1：现在，你的内心发生了什么？

访-17.2：没有什么要紧的事。（语气平淡，冷漠，接近于不高兴）

咨-17.2：（认真但不生气）你说什么呢。你的某种情绪都快溢出来了。

访-17.3：是的，我想是的，但它并不重要。我不想在这里浪费更多时间，所以请问我点什么，这样我们好能有个话题聊聊。

咨-17.3：你现在就已经开始了一个话题，我看得出来你不想去谈，但我确信那对我们一起探索很重要。

访-17.4：我知道你会这么说，但这没用。我做不到你要我做的事。我只是不……（他的声音渐渐弱下来，然后又开始沉默）

咨-17.4：（带着适度的催促）斯坦，我知道对你来说好像是这样的，但事实并非如此。此刻你就在内心中进行着重要的工作，我们不能浪费它。

访-17.5：我可没这么觉得。

咨-17.5：我知道，这是它重要的一部分原因。现在你在一个你不喜欢的处境里，这让你做不到你需要做的事情。这正是你来到这里要面对的处境。所以当你把你的问题带到这里时，你就是在做你需要做的事情。

访-17.6：（苦涩地）好吧，为我欢呼。

咨-17.6：没有什么值得欢呼的，是吧？

访-17.7：（他稍微振作了一下，但仍然带着一丝苦涩）当然没有。那么，（停顿）我现在该做什么？

咨-17.7：你正在做。告诉我那些进入到你的意识中的一切，想到什么就说出来。

访-17.8：什么都没有。什么都没进来。

咨-17.8：你说出来了。刚才"什么都没有"进入你的意识，你就说出来了。（停顿）继续。

访-17.9：同样的东西。什么都没有，什么都没有……再说下去也没用。

咨-17.9：然后你不再说"什么都没有"，而是告诉我这没有用。

访-17.10：嗯，这不就是没用嘛！（语气突然强硬起来，有点生气）

咨-17.10：这一次有更多的东西出来了。它们有更多的情感。

访-17.11：（愤怒地）听着，我不想和你玩这种愚蠢的游戏。这对谁都没有好处。（停顿）你为什么不试着真正帮助我呢？

咨-17.11：我正在帮你。我不认为你什么都没做。你真的让我看到了你好像不太喜欢的另一部分，但那仍然是你的一部分。

访-17.12：嗯，我不明白我冲你发牢骚，这能有什么帮助。我需要你帮我摆脱那种状态，而不是鼓励我留在那里。

咨-17.12：你现在的状态和五分钟前已经不一样了。现在，你的内心一直在变化，但你似乎很难看到它是怎么发生的。

访-17.13：我的状态更糟了。我感觉糟透了，你又不帮我。我在这儿驴拉磨兜圈子，你却坐在那里告诉我，我这是有所行动的表现。真是岂有此理……（停顿，向内探索）谁管你叫什么名字。看我满头大汗，你觉得很有趣，是吗？

咨-17.13：我叫布鲁斯。

访-17.14：是的。（沉默，考虑中）好的，布鲁斯，你觉得我现在做的事情是有用的，对吗？

咨-17.14：（点头）

访-17.15：我真搞不懂。我看不出我今天做的事情有什么用。看起来真是浪费时间。

咨-17.15：我明白确实看起来如此。

访-17.16：（等待。如果咨询师不说了，就会不停地动）要不你就跟我说说，这怎么不是浪费时间了。

咨-17.16：我听到你现在想换成另一种情绪，但我注意到你都没有花时间来回答一下你自己的问题。那你今天做的事情怎么会对你有用呢？

访-17.17：（沮丧地）哎呀，讨厌！你又把问题抛回给我了！真的，我现在需要帮助，不是苏格拉底式的提问，也不是你正在做的事情。

咨-17.17：在你不得不解决自己的情绪，弄懂这些情绪到底有什么意义的时候，你会感到非常愤怒和失望。

访-17.18：不！是的……我觉得是这样的……所以我来找你，付给你这么多钱。(他等待着)你不打算说什么吗？

咨-17.18：你还是把你所有的注意力都集中在我身上。

访-17.19：是的，当然，是这样的……(长时间的沉默之后，他的目光移开了。然后他的语气就变了，更加深思熟虑)我觉得我是在这里浪费时间，而你却一直说不是。我一想到这件事心里就如乱麻一般。我想对你……或者我自己……或某个人或某件事生气，但是……

咨-17.19：生气也是一种解脱。

访-17.20：是的！(反思)是的，但是……但它也会让我远离……远离……我不知道是什么，但是……

咨-17.20：(带着一些正能量)斯坦，你正在努力。你比以前更多地倾听自己了。保持住。

访-17.21：(不确定地)是的，是的。(考虑中)是的，我想我明白你的意思了。(停顿)我……我不知道……我想我又把它弄丢了。

咨-17.21：这是我的错。我太着急去鼓励你了。但有那么一分钟，你真的以一种不同的方式体验着自己的内心，这很重要。

访-17.22：(迟疑地)啊。我想我明白你的意思了。我现在心里满是困惑。

咨-17.22：没关系。这就是你现在的状态。和你的困惑待在一起……跟我讲讲，想说什么都可以。

访-17.23：嗯。好，我想了想你刚才说的话……关于这样做的重要性，我想我有点好奇为什么就重要了，或者……或者怎么重要了，而且……

咨-17.23：现在你能感觉到不一样了吗？

访-17.24：是的……我意思是，我想是的。

今天的工作差不多就是这样，但它仍然确定了一个重要的参考点。

访谈 37

在斯坦接受心理咨询的四个半月里，他逐渐形成了一种工作模式，在咨询开始时，他会花一些时间把自己的注意力从外部转到内心。他对自己的这种变化，在态度上时有波动。今天，他来得很早，所以他可以安静地在接待室坐十分钟，然后再开始咨询。这是他咨询工作的新增项目。

访-37.1：(走进去，在椅子上坐好)我尽力早点过来了，这样在我们开始之前，我能有几分钟的独处时间。(反思)我认为这是个好主意……对我来说，匆匆忙忙地离开校园赶到这里，这样就有点难……告诉你这些让我感觉不舒服，我也不知道为什么。(抱怨的语气)

咨-37.1：嗯哼。

访-37.2：我正在失去它。(他仰靠在椅子上，闭上眼睛，至少有两分钟不说话)可恶！它不见了。

咨-37.2：它不见了……但是你在这里。

访-37.3：是的。(语气有了些活力，看着咨询师)是的，它现在已经不见了，但有那么一段时间，我觉得我真的是在和自己联结……触碰到自己的内心，你懂的。我白天只要有空就努力想达到那个状态。大多数情况下，心里太吵了，有太多事情发生，或者……不管怎样，我通常没有……我似乎没有什么深刻的见解，但偶尔……

咨-37.3：偶尔……

访-37.4：是的，我有一种感觉，好像我更是在……更是在……我自己那里，我想你会这么说。

咨-37.4：（同意）这**就是**我要说的。

访-37.5：是的。（反思）是的，更多的是我自己那里。（停顿）这很有趣，但似乎我应该一直在自己的内心里，我现在也应该在，但我没有，我一直也没有。我甚至不确定我这么说是什么意思，但我猜你知道。

咨-37.5：我可能知道，但**你**现在还不知道。

访-37.6：是的。（开始更多地关注咨询师）我又把一切都推给你了吗？我不是那个意思。我只是在想你怎么帮我发现我的内心。我都没意识到内心会这么丰富。

咨-37.6：我明白。

访-37.7：当我以那种方式进入内心时，我感觉自己仿佛比平时更清楚自己想要什么，但我发现很难用语言把我知道的表达出来。

咨-37.7：嗯。

访-37.8：这是为什么呢？为什么我把意思表达出来会这么难？那天晚上，我想把这事儿告诉米拉，但我觉得自己笨嘴拙舌的，她根本听不懂。让我有点生她的气……也生我自己的气，还有……

咨-37.8：还有？

访-37.9：是的。为什么把我的意思表达出来会这么难？

咨-37.9：就像现在？

访-37.10：现在吗？哦，不，我想我现在可以把我的意思表达出来。为什么？你看出什么了吗？

咨-37.10：当你说不出自己想说的话时，你就会有点生气，对米拉、对自己，还有对……说到这时，你突然停了下来。

访-37.11：有吗？

咨-37.11：有。

访-37.12：嗯，我不知道。(不安地) 我的意思是，这可能并不重要。车刚好没油了呗。

咨-37.12：或者是犹豫要不要结束这个想法？

访-37.13：(不情愿地) 是的，我想是的。我的意思是，这不是什么重要的事情，只是一时的想法。

咨-37.13：你似乎急于把它打发走。

访-37.14：哦，你知道我在做什么。我是说，我对你感到有点生气，因为你非得给我指出来，说我没有认真倾听自己的内心。你知道那是怎么回事。这也没什么大不了的。

咨-37.14：是的，斯坦，我知道你的意思，但我不同意。我认为这是很重要的事情。

访-37.15：唉，别较真儿。我不是真的生你的气。

咨-37.15：我知道。但这没什么大不了的。重要的是，你有时还是觉得，你在这里并不能把你内心的真实想法表达出来，这是我们工作中的一个严重漏洞。

访-37.16： 嗯。（反思）啊。我明白你的意思了。我没想到这一点。

咨-37.16： （很认真地）这里必须是一个你觉得可以畅所欲言的地方，在这里你不必编辑和审核你在内心深处发现的东西。

访-37.17： 我看得出来。（停顿一下，然后充满能量地说）我真的看到了！

咨-37.17： 你听起来吃惊。

访-37.18： 是的，我是很吃惊。我不知道我为什么这么受刺激，但确实如此，而且……

咨-37.18： 由于某种原因？

访-37.19： （他沉默了几分钟，神情专注，注意力向内。渐渐地，他的注意力又回到了房间和咨询师身上）嗯！我不知道发生了什么。我一直在想我们之前说过的话，然后它就渐渐消失了，好像我快睡着了一样。好吧，不管怎样，我想我已经说了所有我要说的。现在，我……

咨-37.19： 现在？

访-37.20： 现在，我……我觉得我想说说我昨天和院长谈话的内容，还有……

咨-37.20： 你改变话题有点快呀，不是吗？

访-37.21： 不，我不这样想。我认为我已经说了所有关于……不管我们讨论的是什么话题。你为什么要这样说呢？你有什么事情要问我吗？

咨-37.21： 我们刚刚在谈论什么？

访-37.22：哦，让我想想。是关于在这个地方，我不必对自己说的话感到小心翼翼。你看到了吗？（取笑的方式）我确实记得。

咨-37.22：是的，你确实记得。你现在怎么看待这个观点呢？

访-37.23：哦，我同意。绝对同意。

咨-37.23：好吧，那就再坚持一段时间，看看会发生什么。

访-37.24：是的。（短暂沉默）哦，什么都没有。我的意思是，我想我已经把该说的都说了。你可能会说，有个这样的"安全港"似乎是个好主意。

咨-37.24：不用那么快。只要和它再多相处一些时间，无论内心发生什么，都要保持对内心的觉察。

访-37.25：好吧。（短暂沉默）没有，什么都没有。

咨-37.25：出于某种原因，你在过于快速地略过这一点。

访-37.26：（更清醒一点）是的，我是这样。（停顿）一个"安全港"，嗯。我喜欢这个想法。（他的声音变了，变得更柔和，更深沉）嗯！我感到有点难过，好像我快哭出来了……

咨-37.26：慢慢来。

访-37.27：（向内反思）我似乎什么也没找到，除了这种悲伤的感觉……现在这种悲伤也在逐渐消失。

咨-37.27：你的感觉让你惊讶，但这些情绪也快浮出水面了。这是进步，斯坦。不要着急，但要保持觉察。

访-37.28：是的。嗯，肯定还有更多的东西，是吗？你怎么知道的？

咨-37.28：我不知道，但我知道总会有更多的事情发生，你这么

急着要离开你现在的所在之处，一定是出了什么事
情。我们都不能彻底了解我们内心的所有东西。

虽然他们在这个意想不到的情绪上多花了几分钟，但斯坦今天没有再
进一步。相反，他的念头转移到他与院长的对话以及他在发表论文专著上
面感到的压力。

在人生的任何议题上，不管过去已经有过多少讨论，我们也总是有更
多的话可以说。访谈 37 中从访 -37.21 到咨 -37.28 的咨询对话，让我们看
到，我们无限开放性的内在过程还有着另一面。我相信，我们无法穷尽一
个人的主观世界潜在的所有内容。不管起点是什么，只要一个人坚持下
去，就会发现更多。此外，搜寻过程本身（当然，这里涉及的就是这个过
程）将不断产生更多的觉察。

来访者在访谈 37 中获得的这个认识值得我们注意，因为这个认识还保
持着开放性。这一点带来的影响在后来的咨询中得到了明显体现。在咨询
师有节制地参与下，来访者的生活的中心主题呈现出来，这个主题帮助来
访者找到自己的路，去了解一个重要的、之前却从未被触及的隐秘之处。

访谈 67

斯坦到现在已经接受了近 9 个月的心理咨询。他熟悉这项工作的常规，
并养成了提前 10 至 15 分钟到达的习惯，这样他就可以安静地坐一会儿，
顺利过渡到心理咨询过程。他也经常在离开前在接待室里思考一会儿。

在这段时间里，他和妻子关于教育孩子的问题发生了严重的争执，尤
其是他的儿子，现在已经 19 岁了，坚决不愿意再受到父母的控制。在这
几个月里，斯坦也开始给他所在领域的专业杂志写一篇文章。

访-67.1：（点头致意，然后走向沙发）我今天用这个行吗？（一段时间以前，咨询师向他介绍了沙发的用途，现在每当他想更深入地工作时，就会使用沙发）

咨-67.1：可以。我跟你说过，当你想用它时，它就是你的工具。

访-67.2：（安顿好，踢掉鞋子，躺下，伸展身体。在这段时间里，他的目光一直是分散的，他的注意力明显地集中在内心）嗯。是的，啊。我正在回味一些东西，布鲁斯，但我还不知道那是什么。（沉默）和米拉的争吵，儿子的顶嘴。不。不，不是这样的。可恶！很难静下心来，停下所有的喋喋不休，停下所有那些关于我应该说什么的思考。（再次沉默了）

咨-67.2：（轻柔地）慢慢来。

访-67.3：变老了……身体发生变化……我们班有些女生穿短裤或迷你裙，这会让人分心。（停顿）不，不是这样的。当然，我喜欢看她们，可能不只是看看，但这不是我现在卡住的地方。

咨-67.3：（温柔地）慢慢来……

访-67.4：你知道，我一直想写一本书……其实是一本小说……关于美国历史……和萨姆特堡有关。你知道那就是美国南北战争开始的地方。只是我把美国南北战争叫作"州和州之间的战争"。南方就是这样想的。（停顿一下，在沙发上换一个姿势，让自己感觉舒服些）我想从南方的角度讲这个故事，然后再从北方的角度讲一遍，然后让他们面对关键的对峙……

哦，等等！我不想讲这些。我要谈的是另一件事……

（沉默，又换了个姿势）

咨-67.4：（若有所思地）你想说的是……

访-67.5：是……哦，难怪我这么迷茫了。嗯，不是真的迷茫，而是……

咨-67.5：（声音轻柔地，坚持地）继续说对你重要的事，不要走偏。

访-67.6：没错！但是大声说出来有点尴尬。我想写一本小说……我是说一本宏大的小说，一本能让我赚一百万美元的小说……或者至少赚一大笔钱，然后拍成大片。你知道的，就像《乱世佳人》或类似的一些电影。我想这听起来很傻……

咨-67.6：（仍然声音低沉地）你这是在背弃自己的内心。

访-67.7：是的……但是可恶，我确实是。我确实想写一本小说，展现双方的善意，怎么出现的问题，我们付出了怎样可怕的代价、勇气和……诸如此类。我想让它变得宏大……

咨-67.7：（轻轻地回应）真的很宏大！

访-67.8：（他沉默不语，一动不动，然后他的声音低沉又有点难为情）哦，我知道，美国每一个半吊子的历史教授都想再写一部《乱世佳人》。我想我有这样的想法听起来很傻，而且……

咨-67.8：（打断）你总是在背弃自己的内心。对你来说，支持自己的愿望真的好难……慢下来，倾听你的内心。

访-67.9：（尴尬地）是的……嗯，我听起来确实很浮夸和言过其实，不是吗？

咨-67.9：你现在就是在欺骗自己。

访-67.10：是的。(停顿了一下，闭上眼睛，深吸了一口气) 我
只是不好意思……这么坦诚。我是说，这就是我的计
划…(停下来，在沙发上换了个姿势) 我的希望，我
是说……不，可恶！我是说，我的计划。这是我成年
后想得最多的计划。(停了下来，似乎在听他刚才所
说的话的回音)

咨-67.10：嗯。(确认的语气)

访-67.11：我从来没有告诉过任何人。我一直没有说出这个秘密，
这样就没有人笑话我了。如果我失败了，如果我没有
成功，也没人会知道。现在，我已经告诉你了，也许
会坏了我的事，使它永远不会发生。

咨-67.11：可能是这样的。

访-67.12：(等待，屏住呼吸，聚精会神地倾听内心) 我很高兴
告诉了你。我不在乎你怎么想。我还是很高兴我说了
出来。终于……

咨-67.12：终于。

访-67.13：我很惊讶……好像卸下重担一样。我感觉轻松多了！
这太神奇了！我现在松了一口气。就像我……我再也
不用必须那么做了……

咨-67.13：松了一口气。

访-67.14：(温和地，沉思地) 是的。很奇怪。我以为我会被压
垮，痛苦不堪……如果我让任何人知道我私底下是这
样一个人……我必须先做出成绩来，去赢得奥斯卡
金像奖或者其他什么奖……必须在别人知道之前做

出来……

咨-67.14：现在我知道了。

访-67.15：你知道，我不在乎！我没必要做出来！

咨-67.15：没必要。

访-67.16：这应该是一种解脱。（犹豫）是的。然而，不知道为什么，我觉得它不是。我不知道为什么不是，但是……我尝试着……（沉默了几分钟，闭上了眼睛）这么多……如此多，但还有更多。我能感觉到它，但我还叫不出它的名字……

咨-67.16：（温和地）保持住。你在做你的工作。

访-67.17：我想做这样的事情……一些有创意的……事情……我……（叹气，睁开眼睛）

接下来的时间里，斯坦逐渐回归到日常存在状态，偶尔会饶有兴趣地回想起这个"秘密"，有时会带着留恋的神情。在咨询结束时，他从沙发上站起来，对布鲁斯苦笑，然后一言不发地离开了。

接下来的三次咨询全都是在十天内进行的。

访谈 68 和 69

在这两次咨询中，斯坦没什么机会重返他的"秘密"。相反，他只关心他的儿子，儿子似乎受到什么事物的驱使，在各个方面都对父母提出了挑战，而他和妻子在努力给予儿子理解和耐心的同时也遇到了各种困难。用斯坦自己的话来说，对这个稚气未脱的成年人他真是毫无办法，有时严厉地批评他，有时对他充满了爱和关心，大多数时间他还是在努力控制自己，并尽力帮助妻子和儿子。

访谈70

这是斯坦的第70次咨询，他走进来，坐到椅子上，只是随便打了个招呼，很显然他想马上投入工作。

访-70.1： 我想了很多我前几次来这里发生的事。

咨-70.1： 嗯哼？

访-70.2： 是的。那真是一次不寻常的旅行！首先是我的大"秘密"，然后是和孩子的那场战斗。那的确是一次旅行！

咨-70.2： 那的确是哈？

访-70.3： 是的。真是一次旅行。（反思中）是的，我知道我说了"那"。好像是另一个在这里的人参与的旅行。我知道我那次说了很多关于我的大秘密的事，但是……

咨-70.3： 听起来你正在从前几天的那个你身上抽离出来。有点像在和自己保持距离，对吧？

访-70.4： 哦，不……哦，是的，有点是这样，但是……

咨-70.4： 但是？

访-70.5： 但……我不知道。你知道的，那些东西很沉重。我的意思是，我不是从我说的话中抽离出来，但我想我有点忘乎所以了，你知道吗？

咨-70.5： 我知道你现在依然离你自己很远。

访-70.6： 嗯，是的，我想是的。但是……但是，我是说，我以前从来没说过这些。好吧，我大概20岁就没怎么想过这个问题了。我一直忙于现实生活，而没有什么精力考虑自己的梦想。你知道那是怎么回事。

咨-70.6： 你之前对你想干的大事进行了探索，今天对你曾经做过的工作进行贬损，似乎对你很重要。

访-70.7：（变得冷静）是的，我想是的。你知道，我对那个秘密的梦想感到不安。这是令人尴尬的。我现在差不多50岁了，是一名教授，已婚，有孩子，而且……嗯，不管怎样，看起来是如此……如此傻。你知道啥意思。

咨-70.7：你想让我和你一起说，你那样做也不会有什么好结果，否认你说的那件事的重要性吗？

访-70.8：不！我的意思是，是的……不，我是说，不。（愤怒地）它是很重要的，我不知道为什么我要否认这一点，并表现得好像它没有任何意义一样。我想我只是好奇你是怎么想的。

咨-70.8：也许以后讨论这个问题会有帮助，但现在最重要的问题是，**你**是怎么看这个问题的？你**到底**是怎么想的？

访-70.9：我认为它非常重要。（停下来，考虑。然后，严肃地）这很奇怪，但我一直知道我有那个梦想，我从来没有让自己真正了解过它，真正思考过它。你知道它简直就是我的一部分了，以至于我再也看不到它了。

咨-70.9：（非常轻声地）是的。

访-70.10：但现在，我不能再把它放回我心里的那个地方了。我感觉我想要忘记它或者再次把它束之高阁。不管那意味着什么，但我知道我不能，而且……而且我真的不想这么做。

咨-70.10：嗯哼。

访-70.11：你知道，就在我们正在说话的时候，就在刚才，我意识到我不是必须这么做，但是我可能会这么做。

咨-70.11：可能会。

访-70.12：是的，我可能会尝试写那本小说。我想试试。但还是有区别。（语气升调，有了新的认识）

咨-70.12：有区别。

访-70.13：是的……（倾听内心）是的。区别在于，我不是必须去做。（有点激动地点头）是的，这件事之前是这样的，我有了这个梦想，但实际上它更像是一个任务，一项要求。在我完成这个任务之前，在我写完这部巨著、得到认可和荣誉、赚一大笔钱之前，我都不能拥有自己的生活。

咨-70.13：（沉默，但专注）

访-70.14：是的，"必须"，必须证明……去证明……我不知道那是什么，但是……是某些事。某些和我父亲有关的事……我觉得是。

在接下来的咨询，以及之后的两次咨询里，斯坦逐渐意识到，他是为何感觉到他必须取得巨大的成功，这样才能让父亲感到骄傲，更重要的是这样才能弥补父亲对他自己的人生失败的不满。他慢慢开始觉得，这件事似乎变成了自己必须完成的一种任务，用来证实他父亲的存在和他自己的存在是有价值的。

他所获得的这些认识在三个方面具有重要意义：第一，这些认识帮助他减轻了他"辜负了父亲"的潜在情绪；第二，这些认识让他以一种更自然的态度，来思考他的咨询工作和他可能的写作（即，那是他的选择而不是一项任务）；第三，这些认识让他清楚地意识到，他正处于人生的一个阶段，他需要更多地掌控自己的未来。

访谈 95

斯坦接受心理咨询已经有小一年多了(有时遇到假期和意外情况必须取消,这意味着每周两次的日程不能完全遵守)。相比以前,他现在能更有效地利用咨询工作,有时他能更好地触碰到自己的内心世界,而有时他又觉得内心世界抓不住摸不着。

咨-95.1:斯坦,这些天过得怎么样?

访-95.1:很好,布鲁斯。我一直在想,几年后,孩子们上大学了或独立生活了,我和米拉也就能过自己的日子了。这有时听起来是一个美妙的、自由的机会,让我们可以去做以前不能做的事情。我有时也会想到,房子里就只有我们两个人,又好像有点吓人。

咨-95.2:嗯哼。

访-95.2:然后我想到了我的小说。我还是没有放弃这个想法,仍然认为它是一个好主意,有实现的可能。但我以前把它当成是一种强制要求的那种感觉又随之而来。就在我们说话的现在,我意识到我有点担心我会回到那个状态。(停顿)是的,那个感觉还在那里。不像以前那么强烈了,但是……就好像是,它在等待着卷土重来,然而……

咨-95.3:等待着。

访-95.3:我现在感觉到了。"为了你爸爸这么做,对你没什么坏处。比起他为你做的一切,这太微不足道了。"你知道吗,那是我妈妈的声音!我没有意识到她也参与其中。她总是那么耐心,那么希望我们有出息,让我们成为父亲的骄傲。你知道吗,她没有多少自己的生活。她的生活都是关于爸爸想要什么、什么让爸爸高兴，或者什么让爸爸不讨厌。

咨-95.4： 你对她的谈论远不如谈论你爸爸多。

访-95.4： 你说对了。爸爸是一切的中心。但他并不是有意的，你知道吗，只是我们所有人……有问题都会找他……都仰视着他。

咨-95.5： 当你说到最后一部分的时候，你的声音变了。

访-95.5： 是的，我也听到了。等一下。（他闭上眼睛，沉默不语）我不知道……我认为这与他是"一家之主"有关，这是妈妈的说法。我似乎不能再继续深入了。

咨-95.6： 我觉得你有点用力过猛了。

访-95.6： 也许是这样的。等一等。（他从椅子上站起来，走到沙发上，安顿下来，然后沉默不语）你知道吗，我爸爸也是个老师。主要教高中数学。他去世的时候，他以前的很多学生都来拜访他或给他发信息。几乎每个人都很喜欢他。我不知道别人是否会这样想我。如果我写了那本书，也许我也会很受欢迎。也许会更受欢迎。嗯，当我想到这些时，我就感到内疚。千万不要超过爸爸，亲爱的爸爸。

好吧。（声音变了，变得更加坚定）他是我们所有人的"亲爱的"……也是我的。是的。（突然他抽泣）是的，爸爸是……我爱他，布鲁斯。他是个好父亲，而且……（泪水淹没了他，他沉默了几分钟）

咨-95.7： （轻声地）慢慢来，但要保持觉察。

访-95.7： （轻声哭泣，开始微微摇头）我以前不知道……我以前不知道……（他稍微清醒了一下，现在似乎更直接地和咨询师说话了）他们太努力了，布鲁斯，他们太努力了。他们两个都是。（更多的眼泪，没有哭泣，只是安静地陷入悲伤）我以前不知道，但是……但在某种程度上，我也是。

咨-95.8：（轻轻地）某种程度上……

访-95.8：（哭泣停止后，他又擦了擦眼睛，在沙发上坐了起来，看着咨询师）我内心很困惑。还没想清楚呢。我现在知道他们有很宏伟的计划，但后来事情发生了变化，战争、经济衰退，我不知道那是什么。他们认为我最终会实现他们所有的梦想。当我得到认可时，包括童子军徽章，学校的荣誉榜，还有当我表现不好时，他们不经意间说的话，他们的反应，我差点说成"过度反应"，他们从不惩罚我，但我知道我让他们失望了。而且现在……（他停了下来，哽咽着）

咨-95.9：慢慢来。

访-95.9：（几乎是在窃窃私语）是的……是的。现在，如果我不写那本伟大的小说……（他说话有些困难，放松，然后继续）如果我不写，我就会再一次让他们失望。（眼泪）

咨-95.10：再一次。

访-95.10：（他擦了擦眼睛，疑惑地看着咨询师）我以前没意识到这点！（对自己点点头）但是当然是这样。当然，我必须让他们感到骄傲。必须！

咨-95.11：（非常轻柔地）必须。

访-95.11：（这次向咨询师点了点头。擦干眼睛，直起身子，但

还是坐在沙发上）是的，必须。他们永远不会要求我
这样做，但我仍然觉得我必须这样做。（停顿了一下，
用力擤鼻涕）噗！

咨-95.12：你真的有过这样的心路。

访-95.12：你知道！

接下来在这次咨询里，斯坦回顾了他发现的东西，然后又想起了一些
琐碎的事情，但本质上只是让故事更完整了一些。他的心情是平和的、充
满关爱的，还带着些许悲伤。当他离开时，他伸手抓住布鲁斯的手，用力
握了握，什么也不说，只是专注地看着布鲁斯的眼睛。

访谈 111

访-111.1：好，布鲁斯，今天就到日子了。正如我们上次谈到
　　　　　的，我准备离开咨询……不，不对，我永远都不能
　　　　　真正准备好离开或停止它。但现在我想我可以自己
　　　　　往前走了……我知道如果我被什么事纠缠住了，我
　　　　　可以随时给你打电话。

咨-111.1：这听起来不错。

访-111.2：我本想给你做个总结和告别演讲，但后来……我意
　　　　　识到这有点像写我那个伟大的小说。那是为你做
　　　　　的，因为这将是一件美妙的事情。你知道，你会希
　　　　　望它被记录下来，作为你下一本书的素材或其他
　　　　　东西。

咨-111.2：嗯，当然。你是说你不会为了我去这么做？（逗弄的
　　　　　语气）

访-111.3：这次不会。（停顿，考虑）你知道吗，我们从来没有

　　　　　　发现为什么我班上的那个女孩对我有这么大的影响。

咨-111.3：这是个未解之谜。

访-111.4：我身上有很多未解之谜。我现在知道了。我想每个人
　　　　　身上都有……即使是你。

咨-111.4：你最好相信这一点。

　　因此，他们以一种相当轻松愉快的方式，结束了他们的工作。斯坦发现他已经说了大部分他想要表达的东西。听了布鲁斯的一些评论后，他拥抱了布鲁斯，结束了咨询，然后离开了。

——— 第 13 章

对专注于此时此刻的咨询方法的评论

来访者每次的回应都是一个机会

在第 12 章中，我们概述了斯坦·道奇与布鲁斯·格雷厄姆博士的心理咨询工作，这种咨询强调来访者真实的、此时此刻的体验，这一案例向我们展示了其典型的交流方式。从中我们可以看出，与收集和分发来访者信息的惯常做法相比，这种咨询工作方式大为不同。

在叙述这个咨询案例时，我省略了大量重复的互动，还有不少表面上很琐碎的细节和枝节问题。我用了"表面上"这个词，是因为这是一个意思明确清晰的书面报告，肯定无法表达在这些时刻，在真切体验并修通的这个过程中所蕴含的情感意义。换言之，这个报告省略了心理咨询的大量隐含工作，主要展示了咨询进程中的一些关键点——在这些关键点中隐含着重要因素。

这个来访者实际上是几个不同来访者的综合，多年来，在和他们一起工作的过程中，我面对过挑战，也收获过满足。⊖这些人之中若有谁读到了上一章的咨询案例，请放心，对我们具体的咨询工作，我只想做精准度有限的一个描述。⊜

本章将对第 12 章案例的 9 个节点进行讨论，总结这种咨询工作是如何发展的。读者不应该将这些节点视为这种咨询方式的典型。每个来访者 – 咨询师组合都必须找到自己的方式和节奏。

下文将用姓名或角色来指代访谈中的参与者。

来访者：斯坦·道奇；咨询师：布鲁斯·格雷厄姆。

⊖ 关于与其他来访者进行的心理咨询工作，见我于 1976 年和 1990 年出版的两本书。读者可能会发现，这两本书和本书可以用来追踪我在过去 20 多年里思想的演变，这很有趣。

⊜ 读者朋友，如果你是我以前的来访者，你读到了这本书，你也知道我是多么感激你耐心地教导我，有时我是一个迟钝的学习者。

访谈 1：熟悉彼此，确定咨询协议[⊖]

咨访双方最初几次接触的比较常见的情形是，第一次访谈主要是为了互相熟悉，并就他们共同工作的第一个时间安排达成一致意见。在这个咨询案例中，这些问题都得到了很好的处理，而且他们似乎有可能发展成一个良好的治疗联盟。

一些抑郁倾向的暗示出现了（访-1.13），但来访者并没有停留在上面，也未表现出明显的关注，因而若是咨询师现在就去处理这件事，那就有些为时过早。

从一开始（访-1.1、访-1.9、访-1.10），斯坦就在寻求咨询师的指导，这是他参与咨询的一个突出特征。这绝不罕见，也并非不恰当，因为咨询对他而言是一条新的行动路径。然而，来访者移情的启动以及咨询师与来访者的相遇也是这个案例中经常被关注的重点，其影响和后果远远超出表面、即时的效果。在这个早期阶段，咨询师很好地在心里记下来了，但没有明确给予关注。

当一个咨询协议被提出时（咨-1.20），斯坦有短暂的犹豫（访-1.21），因为他开始认识到他正要做出一个重要的承诺。当咨询师提出一周两次的咨询计划时（咨-1.30），他没有再次表现出这种犹豫。

咨询师中间插入了他对管理式医疗政策的看法（咨-1.25），可能隐约地给了来访者一种被支持的感觉，不过这也是在含蓄地提醒来访者，咨询师在这些事情上有更多的经验。

⊖ 术语"协议"被广泛使用，可以指（如本协议中所述）关于付款频率和方式的口头理解，也可以指更正式的、有时是书面的声明。在后一种情况下，向来访者提供关于咨询师的政策和保密条件的书面信息（部分可能是法律规定）通常是一种良好的做法。在这种情况下，特别是在保密方面，最好是让来访者签署一份声明，表明他已被告知关于保密的限制。

访谈 3：第一次对抗，来访者学到的最重要的一课

从访-3.6 到访-3.18 的交流，特别说明了来访者的困惑，他难以区分谈论**关于**自己的经历和**从感受出发**去谈论自己的经历。前者是以信息为导向的，而后者更有表现力和现实性。在这个过程中，咨询师既向来访者做着解释，也在培养他的感受性。咨询师花了一些时间这样做，是为了让来访者对他们的工作有更好的理解。虽然这一点点理解不足以保证在将来的咨询中，当咨询师继续坚持时，斯坦不会产生情绪反应（例如访谈 17），但这已足以保护治疗联盟。如果咨询师突然投入到**真实**模式中，他可能会唤起来访者强烈的、有意识的阻抗，而治疗联盟尚在早期，将难以抵挡这种阻抗。有时，这样做的后果可能会迫使来访者放弃咨询。因此，若是有另一个表面上与斯坦相似的来访者，如果咨询师没有给予更多的指导就过早地将自我讲述的责任转交给来访者，他可能会感受到十分不适（咨-1.11、咨-1.12、咨-1.20）。如果咨询师没有处理这种反应，来访者很可能会取消日后的咨询。

值得注意的是，来访者会自发地报告他听到了自己的内在感受（访-3.1）。这是令人鼓舞的，因为许多来访者这样做时会有困难，或会犹豫要不要说出来。咨询师对这个有利的迹象加以利用，将大部分精力投入到教授来访者如何利用这个咨询机会（从咨-3.7 到咨-3.21）。重要的是要注意，即使是像这样处于咨询早期，一些来访者（但绝非所有来访者）也需要开始经历一些挫折，咨询师才能唤醒他们更深层次的情感以便在咨询中进行处理。不过由于咨询师在意识和理性层面进行了相当迅速的解释，咨询师唤醒的这些深层次情感，在某种程度上得到了平息，但在后期不可以依赖这种方法来平息不安情绪。

咨询师选择使用一种对抗的方式来做这件事，尽管这种策略用得也有

点早。(通常需要更多的时间来建立治疗联盟,这样来访者才不会感到害怕或愤怒,进而放弃咨询。) 这个选择之所以进展顺利是由于:①斯坦纠结的感觉(即一些担忧感)至少在一定程度上帮助他坚持下来,虽然他有些恼怒;②布鲁斯敏锐地察觉到什么时候该放弃对抗模式,转而向来访者提供一个他能够理解和接受的原理阐述。

这样处理之后,治疗联盟同样进展良好,这会鼓励咨询师开始质询来访者为什么忽视自己内心的想法和感受。这样的挑战往往让那些不熟悉这项工作的人感到惊讶,但如果能帮助一个人学会倾听和认可自己的内在体验,一种微妙的联结就可以形成。

在案例中没有提到的是:在接下来的咨询中,斯坦频繁地回到这种与**真实**或此时此刻发生的冲突中,后来慢慢才能够更迅速地进入他的内在意识并将其用于治疗性搜寻。

访-3.23 引出了来访者的担忧,而不是直接处理来访者提出的问题。通常,随着来访者开始适应工作联盟,其他一些事就开始浮出水面寻求关注。这可能说明联盟关系良好,也可能说明偏离了主要的工作,这需要去判断。最好的方法是跟随来访者的深层情感。

当然,其中一些问题可能会在晚些时候又被重新提起,而其他问题永远不会被直接讨论。只要处理好来访者的主要关切点,有些问题就可以得到缓解,而有些问题可能会在来访者的一生中持续对他造成干扰。

心理咨询不能解决一个人生活中的所有问题。有人相信"被彻底分析"的人就可以没有心理困扰或心理问题,这其实是不对的。正是对这个目标的追求,使得一些人终身接受咨询。另一些人则无限期地继续咨询下去,只是因为他们的生活环境里再无其他资源能帮助他们想通自己的经历。

访谈 6：对此时此刻的进一步发现

这里主要的治疗目的是帮助来访者提高辨别和关注自己当下内在（即，他生命里真实发生在此时此刻的担忧）的能力。和大多数来访者一样，斯坦也感到这样做很难，他愿意谈论自己，但往往认为自己的主观世界大体上是无关紧要的。

若停下来好好反思一下斯坦在这方面的态度，我们很可能会感到惊讶：斯坦是一个聪明、受过良好教育的专业人士，然而他却学会了贬低甚至回避自己内在的想法和感受！他经常发现自己不确定自己的意向，无法按自己的意愿调动自己的精力，这并不奇怪。

访谈 6 特别明确地关注了帮助来访者发现治疗领域非同一般的包容性。坚称人的主观意识里"什么都没有"，这是一种天真的表现。如果工作要向前推进，要深入到更深的主观层次，就必须设法了解并解决这种天真。

在这次访谈中，来访者试图从治疗性任务中脱离出来，用"暂停时间"来漠然地**谈论**自己。他还没有学习到，这样做是无法做好心理咨询的。生活不允许"暂停时间"，心理咨询也不允许。

无论在心理咨询过程中发生了什么（说了什么，做了什么，出现了什么），这些都是咨询工作不可撤回的一部分，它们是咨询事业的一部分。没有暂停、旁观或任何其他例外，因为那确实是现实的本质。咨询师从第一次访谈就已经开始向来访者传授这个知识点了，当来访者询问如何"开始"咨询时，咨询师说："你已经开始了。"（这在咨-1.11 和咨-3.6 中再次出现。）

事实上，"玩真的"，咨询中发生的任何事都有其意义，都是心理咨询工作中一个合理的关注焦点——这为治疗性工作构建了一个独特的环境。而在我们生活的所有其他场所，我们期待有例外情况，期待去改变环境并且去符合规定或类似的社会传统，这样便可以否认此时此刻的真实感受。

当咨询师开始应用这一规则时，来访者通常会感到惊讶，善良的咨询师可能也会感到不舒服。来访者想不出任何可以谈论的事情、写咨询师的姓名地址时犯了一个错误、开始说一些事情接着又犹豫、对咨询师的干预变得易怒、突然需要去洗手间，等等——所有这些都是很常见的例子，咨询师应该注意。然后，当咨询师认为来访者已经准备好了，再去要求来访者去探索他在此时此刻的感受，或去探索这些干扰背后他有什么样的主观活动，这就比较合适了。

很多时候，至少在工作的早期，来访者只想把这样的情况当作"意外"，或者认为不值得花太多的时间和精力。咨询师需要敏锐和坚定的咨询技能，才能帮助来访者明白，这种想法实际上是曲解，这可能会使咨询效果大打折扣。

对这一事实有了良好认识，来访者在从事这项工作时就会有巨大动力。与此同时，这给咨访双方都带来了独特的责任重担。正如一个来访者所言："毫无藏身之处。"

当然，对一个刚接触这类工作的人来说，立即全面地将这一基本真理用于实践，通常是太过艰巨的一项任务。咨询师必须审时度势地一步步引导来访者认识到这一点，但自始至终这都是必要的工作条件，咨询师需要引导他们的关系走向这个方向。对咨询师来说也没有藏身之处。[⊖]

当来访者或咨询师的无意识行为导致干扰的发生时，也需要采取同样的策略：来访者打喷嚏（"哦，对不起，我得了这个该死的感冒"）；咨询师打嗝（两人都忽略了，至少一开始是这样[⊜]）；咨访双方其中一个放屁；

⊖　真诚地与来访者一起工作的咨询师对来访者来说必须是可以接近的——甚至有时应该是易受影响的，因为只有这样，咨询师才能对那些非语言信号保持敏感，这些信号会让咨询师知道来访者在不安地回避，并且在努力追求更强的自我意识。

⊜　伊莲·梅和迈克·尼科尔斯作为即兴喜剧二人组，曾演出过一个非常有趣的喜剧，其中精神分析师一直在打嗝，而接受精神分析的病人决定无视他的打嗝，继续治疗工作，同时提出有益的建议。

咨询师叫错了来访者的名字；来访者在错误的时间到达；在咨询期间，他们中的任何一个人明显生病了——这个列表还有很长。[⊖]

一旦来访者开始意识到这一基本规则的重要性，一般的策略就是询问："你现在觉察到了什么？"当然，如果来访者全神贯注于某项工作，几乎没有注意到干扰，那么他所专注的那项工作就具有优先级。

外部干扰

这个规则还涵盖由于来自咨询室外的声音、视觉、气味和类似感官刺激的干扰而分散了注意力的情况。当然，这样的干扰不仅会影响来访者，也会影响咨询师。因此，如果咨询师假装没有注意到并试图坚持进行工作，就好像没有任何意外发生，那他就是在促进不真实性[⊜]的增长，这种不真实性很可能在其他更多环境中复现，对咨询起到反作用。咨询师有责任去处理那些让自己感觉脆弱的问题，而不是见诸行动，让来访者从情感上买单。

简而言之，咨询师在咨询过程中必须保持真实性，既要在引导来访者进行探索时不带入自己未解决的议题，也要能坦诚地面对自己的局限，并为之承担责任。

这个时候也是重要的教学时机。即使来访者已经明白自己的口误背后存在着无意识的动机，但当一些与咨询无关的事情突然发生时（比如，在办公室外的大厅发生了嘈杂的争吵；房间温度下降，咨询师必须调整恒温器；或者离咨询结束还早，等候室的蜂鸣器却响了），来访者还是会对咨询

⊖ 扩展的列表将包括幽默事件和悲剧，琐碎事情和重大事件。其中包括我自己在咨询过程中睡着了；一个来访者完全沉默，拒绝再说话；房间分配的混乱导致咨询师和其他来访者配对，以及许许多多其他非常人性化的事情。

⊜ 不真实性，即忽略此时此刻的体验。——译者注

师要求针对这些事情进行内在探索感到奇怪。

在这种情况下，不假思索的倾向大致是这样的："忽略它，继续你刚才说的话。"

忽略外部干扰是不可能的！来访者最多只能尝试去继续他在被干扰之前所进行的内容。这就是说，他会努力把干扰带来的所有主观反应"推到一边"。而这样做可能使对先前话题的探讨遭受某种损失，也可能不会。

更重大的损失是，来访者不知不觉地被"训练"去无视自己的内心活动。在如今我们的文化中非常强调这个训练，正是由于这个训练的重要"贡献"，我们将彼此视为物体，在认识发现自己的主观意图时也困难重重。

访谈 17：处理来访者的逃避

有时候来访者会公然反对，怒气冲冲或者过于超然地提出质疑，还会尝试退出咨询，咨询师或早或晚都会面临这些情形，不止一次而且是屡次三番地去面对，对某些来访者而言甚至要花费大量咨询时间处理这些问题。这通常是咨询取得进展的一个标志，但一开始便向来访者做如此解释却绝非明智之举。这样做只会让来访者感到咨询师高高在上而自己无足轻重，因为在这个模式出现时，来访者的主观世界几乎总是一片混乱动荡，此时若咨询师解释这种状况其实是进步，很容易使来访者感到他内心真实的混乱没有被认真对待。

这种情形之所以被认为是进步，是因为通常在它发生时，之前被压抑的材料开始进入意识，并且来访者也在面临着一种威胁，即失去平时的控制力。这种威胁不能被忽视，并且（正如第 12 章所描述的案例）咨询师给予温和而持久的回应可能有助于来访者获得更强的觉察能力。

斯坦被卷入了突发的内在混乱，他对此有些愤怒，表现在他一时想不起咨询师的名字，尽管他几个月以来一直在说这个名字。当斯坦开始认识到他（直到那时一直在）不断增长的愤怒是为了避免与自己的感受纠缠时，咨询师想要迅速确认这一发现。在这个案例中，咨询师为自己行动过快负起了责任。这样做的结果是个未知数。一旦来访者明显觉察出自己情绪背后的意义，被咨询师看见和确认可能会有所帮助，但也可能会带来破坏效果。在反移情的作用下，咨询师常常有想去缓解紧张的冲动，而这种冲动可能会让他更加难以做出判断。

访谈 17 中有一大部分都是咨询师帮助斯坦认识"没什么"（nothing）实际上是"有什么"（something）——那正是在咨询中需要关注的东西。在咨-17.2 中，咨询师开始向来访者教授这个知识点，并且进行了比较激烈的干预。此后，他不断向斯坦说明，斯坦这样就是在做着工作。斯坦一再想要逃避，只在表层谈论自己身上发生的事情，但咨询师拒绝他这样逃避问题。

这种与来访者直接对抗的工作方式（一开始）会让来访者非常困惑，但通常会带来重要的情感材料。有些来访者并没有真正理解这一点，即他们在咨询中所说的、所做的、所经历的，以及他们带到咨询中的一切都是心理咨询的一部分，他们的抗议是可以被理解的。然后当来访者发现，即便是抗议也会在咨询中被重点讨论，这可能成为心理咨询的一个转折点。对深度咨询工作这一出乎意料却必不可少的要求，来访者的认识和接受程度各不相同。

这种非常直接的工作方式究竟有什么样的重要性和力量呢？要理解这一点，咨询师也有他们自己的困难。这可能也会让他们感到不舒服，他们也会有强烈的冲动，想去解释，去教导来访者，去避免惹恼（甚至是彻底激怒）来访者。然而，这种回避问题的举动最终会降低咨询效果。

在访谈 17 中，我们可以很明显看到**阻抗**的潜在保护功能：来访者回答"什么都没有"（访–17.8 和随后的交流）便匆匆返回到下一个意识层面，而在这一层中他仍然没有认识到内在体验的重要性。这是一个很重要的学习——比促进咨询的进展更为重要。更深层次的含义是，需要帮助来访者发现他的内心活动一直都具有重要性。和其他的许多人一样，斯坦也倾向于认为内心活动是肤浅的和短暂的。[⊖]

有一点经常被误解：这种心理疗法不是**关于主体性的**，它是直接**在主体性中**工作。

咨询过程中发生的任何事都可以被适当探索，这条规则并不是说，咨询中发生的任何事都一定可以揭示出来访者心里暗藏的内容。这是心理咨询"侦探"观的遗留物，即"咨询师侦探"试图找到一些线索去挖掘隐藏在"来访者案犯"身上的行踪（或罪行）。我在这里所提倡的"人生教练"并不是教给来访者更明智的方法，而是强化（有时是改变）来访者自己的努力。

以**重视此时此刻体验**的方式工作的咨询师并不是一名侦探，而是一名既不是对手也不是竞争者的奥运教练。实际上，咨询师是运动员（来访者）自身目标和努力的支持者。

"一切就是一切"这一绝对法则的道理很简单，就是一个明显的事实：当一些事情干扰咨询工作时，它会产生波动，会产生影响，不能把它当作没有发生过一样来对待。因此，·每个干扰提供了一个机会来教育来访者尊重自己的内在过程。

再举一些例子可以更好地说明。下面是我们将详细讨论的一个事件。

⊖ 仔细想一想你就会发现，我们对主观活动的这种贬低是多么普遍。作为一个有生命的存在，本应该被承认和重视的存在本质，往往却被认为是微不足道的、转瞬即逝的和毫无价值的。当来访者认识到自己主观世界的中心地位和重要性时，他就朝着更好的自我掌控和更有效地参与自己的生活迈出了重要的一步。

当来访者开始讲话时，咨询室外过道里一个人生气地大喊：
"你真是个超级无敌讨厌鬼！我要离开这里。"门砰的一声关上了。

假设来访者在被干扰后保持沉默，那么在这种意外事件发生后，咨询师的问题是："你现在觉察到了什么？"当然，这是一个简单的问题，但对于大多数来访者来说并不容易回答。下面是来访者对这个问题可能给出的四种回答。

来访者 A："我刚才正跟你说我和哥哥的争吵，然后……"

咨询师插话道："是的，但是发生了一些事，很重要的一点是要看清你现在内心真实的感受是什么？"

来访者通常会回答："哦，没关系，我记得我要说什么，而且……"来访者已经准备好要抓住内容主线，但我要再强调一次，利用这个教学机会是很明智的。

咨询师说："等一下，海伦。我相信你还记得你本打算谈论什么，但有件事打断了你。如果你现在告诉我你和你哥哥的争论，你会在某种程度上处于不同的主观状态，因为你被打断了，而且……"

来访者回答："没有，真的。没关系。我只是想告诉你他……"

这就是需要主观判断力的时候了。如果咨询师强迫来访者关注这一点，可能就是在小题大做，让一件无关紧要的事成为重大干扰。不过，让来访者反复专注于内容层面而对内心活动没有觉察，又会使工作流于肤浅。

也许最明智的策略是考虑这样的情况是不是第一次发生——如果是，那么建议按照来访者的意图往前走就好。不过，咨询师最好留意一些迹象，去判断干扰是否有残留并影响了来访者继续向前的进展。

另外，如果来访者之前就否认过外部干扰有什么影响，那么现在可能是更直接地处理这种阻抗的时候了。我们可以用以下的方式开始这个探寻。

> 我知道你觉得那些声音并没有影响到你，但更深入的探索是很重要的。要想活得充实，你就需要理解你的内在体验。你有些时候不愿意去讨论一些事，但在咨询室这样一个地方，我们其实可以向内心多看看，这样做可能会有更多发现。

当然，这种方法可能引起各种反应。抗议（她听到了但不想被分心）、烦恼（咨询师打断她比外部干扰更甚）、轻松（分心是没什么大不了的）、好奇（外面到底发生了什么），等等。无论是何种反应，工作都要从那里开始。

不必多言，在咨询过程中，帮助来访者对他们的内心活动变得敏感是至关重要的，因为只有这样，他们才能权衡各种选择，做出对自己长期需求真正有意义的、和谐一致的选择。然而，这并不是说咨询师一有机会就要去把这个道理给来访者讲透。

> 来访者 B。由于咨询师之前进行过某些针对性教学，来访者 B 对自己内心和此时此刻的觉察更为敏锐，她可能会这样说："哎呀，我刚才刚要告诉你我和我哥的争吵，然后我就好像听到我自己在对他大喊的声音。（她短暂又拘谨地笑了笑）不过我好像没骂过他是'超级无敌讨厌鬼'。天哪，这词儿可真够犀利的，是不是？（她沉默了）你知道，我倒是希望我这样说过他。哦，我不是指那些原话，但我希望我们对彼此更诚实。你知道，我们家一直都是……"

这是一个偶然的例子。来访者并不总能这样从干扰顺利过渡到原先的谈话内容，更典型的情况如下。

> 来访者C："我对大厅里吵闹的人很生气，但我真正想说的是我和我哥哥之间爱恨交加的关系。我记得有一次……"

来访者继续工作，就像没有受到任何干扰一样。她需要讨论这个话题的动力是很明显的，咨询师很好地配合了这项工作——至少在这次是这样的。

> 来访者D。有时候，一个干扰可能会导致咨询方向上的一些改变："我不知道。我刚刚开始……等一下，让我想想，（停顿）我有点紧张。我希望你这里的隔音效果能更好点。我本来想告诉你一些关于我哥哥的事，但现在看来不是很重要了。我现在发现的是我整体上有一种不满情绪。就好像我想要抱怨什么……"

这并非闪电般的灵光乍现，而是有力地表明了，来访者已经学会如何区分什么是更有意义的材料，什么是社交期待的反应，从而导致移情问题的早期可能迹象，这点将变得很重要。（然而，要注意的是，这里说的移情问题仍然处于"泛泛而谈"的水平，很可能还没有到准备好直接讨论的阶段。）

访谈37：更多关于自我发现和自我接纳的课程

到目前为止，斯坦已经学会了如何很好地使用咨询。在本次咨询中，他已经开始为咨询的进展承担更多的责任。毫无疑问，在开始咨询之前早点来，有时间集中精力，这对他是有帮助的，但更重要的是，他重视这个工作，也在考虑如何让工作发挥更大作用。其潜在的意义是，他正在更多地掌控自己的生活。

斯坦问："为什么我把意思表达出来会这么难？"（这是关于发现他的内在世界。）然后他在给出回答的同时，也在努力避免表达对咨询师的负面情绪。这并不是导致他陷入困境的唯一因素，但它代表了一种未被意识到的审查制度，这种制度阻碍了我们的思考，即使我们认为自己只是在私人领域进行思考。

当斯坦试图改变话题时，这一点又一次在他身上出现。不过，他已经开始对他逃避时出现的这些迹象有所察觉，这将大大加速后续工作。

在访-37.8到访-37.17的回复中，咨访关系正在帮助斯坦去掉他那几层几乎是有意识的阻抗。

对人生中的任何一个问题，无论之前已经说了什么，总有更多的话可以说。本次访谈中从访-37.20到咨-37.28的交流，显示了我们无限开放的内在过程也有着另外一面。我相信，我们无法穷尽一个人主观世界潜在的所有内容。不管进入点是什么，只要一个人坚持下去，就会发现更多的点。此外，搜寻过程本身（当然，这里涉及的就是这个过程）将不断产生更多的觉察。

访谈67：自我指导的内在搜寻过程

斯坦现在能够很好地利用这个治疗的机会，并通过早点来、在"卸压"后待一段时间、时不时地使用沙发来充分利用治疗。这样做的回报是显而易见的，他能够相当容易地区分表面和深层问题。这是一种很难学习的技能，而一旦学会，就会使咨询更有效。

在这次咨询中，斯坦选择使用沙发。沙发这个辅助物在大众心目中与精神分析联系在一起，进而与一般的心理咨询也联系在一起。如果使用得当，它当然是一种有价值的工具，但也仅此而已。我们大多数人对仰卧的联想通常是，躺下可以降低警觉和更自由地内省——很明显这会促进内在的搜寻。在本书的描述中，搜寻通常是来访者在咨询中工作的主要方式。

在实践中，我发现，当来访者已经开始搜寻，并准备好了使用这种姿势来促进咨询时，引入沙发会很有帮助。在来访者真正体验了这种辅助物之后，我通常会让来访者选择何时使用沙发，不过有时我可能会主动建议来访者这样做。

在这次咨询中，重要的是咨询师不断地指出来访者没有忠于自己的志向和渴望。这具有关键的辅助作用，使来访者长期压抑的理想得以释放。

来访者在访谈67中收获的认识以某种方式保持着开放性，这一点值得注意，其影响在他后来的咨询中都会显现出来。在咨询师有节制地参与下，来访者生活所围绕的中心主题被引出来，帮助来访者找到自己的路，去了解一个重要的、之前却从未被触及的隐秘。

一般来说，在心理咨询师的办公室之外，普通民众可能无法完全理解和感性地认识到：认真地、长时间地思考一个问题和在发现了某种模式下（就像斯坦现在所做的那样）努力解决同一个问题，这两者之间究竟有什么区别。

然而，尽管他有了非常真实的收获，斯坦还有另一层阻抗，这表现在他倾向于站在己身之外贬低自己更深层的志向。咨询师为来访者指出这种自我背叛会如何阻碍他的搜寻，而来访者也能对咨询师的提醒加以利用，并继续向前推进——这是咨访关系良好运转的一个例子。

值得注意的是，在这次咨询的后半部分（访-67.13 至访-67.17），来访者的感知能力增强了，不再停留于表层的意识。这个来访者是一个典型，他真正找到了通向自己主观世界的不同寻常之路。斯坦不再只有一种见解，不再觉得自己已经走到了路的尽头。相反，他感觉到他可以发现更深刻的认识。

来访者的有些问题还没有进入到意识层面，其中一个线索是他说的"我不是必须要这样做"。这点与他期待成为一个大作家的雄心壮志形成了对比。

访谈70：努力对自己忠诚

在访谈70中，斯坦发现了他内在认识的许多层面。在前一次的访谈67中，他把他的隐秘雄心暴露了出来。在那次咨询中，他更深刻地认识了那个秘密对自己具有的意义。在接下来的两次咨询中，这个秘密又出现了，但与第一次出现时相比变化不大。现在是它第四次在咨询中被探索，斯坦看到了这个秘密与他对父亲的感情有关，对它也有了更多的认识。

通常情况下，在深度咨询中，一些事件或信息会浮到表面，可能也会得到看似充分和有效的处理。然而，在来访者学会对内在过程保持开放态度之后，同样的问题经常会再次出现，并推动来访者对自我的进一步理解。事实上，这个过程可能会发生多次。

这是长程深度咨询中的一种常见现象，它清楚地表明，信息本身并不是工作中的重要元素。相反，探索来访者如何获得、吸纳、处理信息，并将该信息与其他主观材料相联结，这才是产生治疗性结果的主要原因。

这次咨询对斯坦的心理咨询（以及他的生活）至关重要：他最初想要与"秘密"保持距离的冲动，恰恰说明这个秘密仍然活跃在他心中（而不仅仅是一个"被关起来的"记忆）。在文化中有许多（其实是太多）这样的东西，特别是在需要智力投入的那部分文化中，我们倾向于自我贬低，对一个人的成就不屑一提，并对这种主观的冲动（如强烈的愿望、对成就的自豪、对同伴的喜爱，以及对一个人内心深处所怀有的类似积极情绪）保持适当的距离。"冷静"（cool）是关键词，而它往往会恶化成"冷漠"（cold）。

这种在自我判断时与自己保持疏远的模式，正是罪魁祸首，使得这个来访者不能（抵抗）完全投入到他的生活中，并为自己找到一个更令人满意的生活方向。

在本次咨询中，咨询师采取坚定而简单的立场，让来访者认识到他在尝试进行的自我背叛，并尊重他自己更深层次的价值观和愿望。咨询师的这个行动说明治疗联盟取得了进一步发展。在早期的咨询中，咨询师很好地保持了一定的中立性。但如今一个稳固的治疗联盟已经到位，咨询师可以选择性地有所作为，为来访者已暴露出来的、并在寻求健康与成长的那些部分代言。

非常清楚的是：问题并不在于斯坦是否写了**这一本**书或其他什么书，问题是斯坦需要冒险，去和他的内在现实待在一起，但不一定非要尝试去实现它。因此，写出这本巨著的冲动显然是真实的，但它很可能就只是一个冲动，在斯坦的生活中与其他事情（对斯坦来说，这可能包括出国旅行、提前退休和致力于某种爱好，或成为他所在领域公认的学者和贡献者）一起争夺被斯坦实现的机会。

访谈 95：继续搜寻

这次咨询有一个重要的部分，向我们说明了搜寻如何能够不断地让我们对生活有新的认识和理解。我们常常认为自己的主体性是一幅幅不需要检视的图像，就好像那是一本书，我们所经历的一切全都已经写在里面了。因此，心理咨询只需要找到正确的页码，我们就可以阅读在那里所记载的内容。这个观念完全误解了人类主体性的本质，并且破坏了许多潜在的创造力和理解力。

任何一个人的主体性都是一个泉源池塘，从中源源不断地流出各种图像、记忆、情感、冲动以及其他一切在我们内心深处翻腾、蔓延的东西。我们可以从水池周边的任何地点进入池塘，而从中流出的水流则会自行继续流动。一直以来，池塘深处的东西几乎从不浮出水面，但其对于池塘和水流的存在和动态变化却是必不可少的。

我的这个比喻大体是准确的，但仍没能充分表达出，在池塘深处一直潜伏着新的组合和含意。它们具有生命重要性的含意：从我们内心深处浮现的事物没有预先确定的内容或品质，对它们进入意识的程度也没有明确的限制。

当一个来访者抗议说"我已经告诉了你关于（任何事情）……的一切"时，他就是在自欺欺人。如果来访者保持聚焦和专注，他很快就会发现有许许多多想说的话。更重要的是，当来访者坚持认为生活中的某个事件只有一种方式可以解释，这也是对我们本性的一种误解。

访谈 111：没有结束的结束

前文我们讨论了主体性世界的开放性和易变性，清楚地表明"完成了心理咨询"是一个矛盾的说法。斯坦已经意识到了这一点，他知道他已经准备好停止正式的咨询了。他现在有工具可以自己做更多的工作，而且他知道，如果可以的话，他可以再回来找布鲁斯。〇

〇 或者找其他心理咨询师，如果那样选择更好的话。

第 14 章 ————

总结以体验为中心的取向

心理咨询刷新了我们对生活的认知

在本书的最后一章，我们不妨后退几步，在更广阔的视野下来观察我们所关注的焦点究竟是什么。我们这样做的时候，也是在亲身演示我们所表达的主题：生活即我们所感知到的体验。我们如何"看待"或定义我们自己的本质，以及我们所身处世界的本质，这是一个关键因素，可以决定我们的生命对我们自己、对与我们生活在同一个时代的其他人将会意味着什么。

我们每个人都必须创造并活出自己的生活。只要我们活着就躲不开这件事。它是机遇，同时也是挑战。归根结底，这是个人责任——尽管很多时候似乎不是这样。许多影响因素迫使我们拒绝承担这个责任，或至少试图把这一责任推卸出去。

我们最终对自己负有责任，这是个基本的生命真相。然而承认这一点有时却会被误解为是"责备受害人"的哲学，有时则被认为是荒谬的"波利安娜主义"。波利安娜主义相信任何人只要下定决心，就可以做到任何事。当然，这些都是不明智的，这两种观点都不被本书所接受。

我们生活在一个包罗万象的现实中，这是显而易见且不可逆转的事实，它深刻地影响着我们会有什么样的经历，影响着我们在履行这一基本的生活责任时会遇到什么样的机遇和障碍。

一个人在何时何地出生，是男是女，健康与否，聪明与否，诞生于何种家庭、社会和时代，都会对这个人的生命进程造成影响。⊖而所有这些因素，以及许多其他因素（包括一些我们只是部分了解的因素）都将慢慢展开进入到未来的数组之中。⊖

文学作品（无论是大众文学还是技术文献）都有着许多励志故事，故事中的人们克服了环境和意外带来的重重障碍，使自己的生命丰富多彩、有所作为。可以肯定的是，此类故事通常也都认为，人们因非凡的天生才华受到召唤，形成行动，进而才促成了非凡成就。但是，若要把所有这些事例简单归结为基因随机组合的产物，这就未免太幼稚了。实际上，真实情况也可能是：在某种程度上，非凡才华其实是英雄人物在克服困难时被激发出的人类意志力的产物。

坦率地说，如果冷静地审视自己的过往，我们很可能会发现有些时候

⊖　May, R. (1981). *Freedom and Destiny*. New York: Norton.
⊖　与混沌理论的芒德布罗集相似是显而易见的。

我们没能有效地利用自己的力量，还有些时候我们在努力去超越我们惯常的生活模式。俗话说："如果生活给了你一个柠檬，那就把它做成柠檬汁。"

然而，这个说教绝不可能保证我们拥有一个永远幸福的结局。有多少男男女女拥有巨大的潜力，却被生存环境压倒而从未实现这些潜力，而他们的故事根本无从被我们知晓。

咨询师的使命

在本书中我们的观点是，我们的工作是尽力理解来访者应对生活的方式，也即尽力理解来访者寻求安全、满足和关系的模式。去"尽力理解"这些模式，并不是仅仅去**了解了解而已**，"尽力理解"表明这是一个更具体验性的过程。这就意味着咨询师不能简单地成为一个超然的观察者，而是需要能真实体会来访者是如何与生活扭打纠缠的。

这些模式构成了来访者的隐性概念系统，包括他自己的本性、能力、弱点，以及隐含在他体验自身存在和在生活中运用自己力量的方式之中的其他所有因素，也即来访者为处理各种可能性、危险、资源等而建构起来的自我 – 世界建构系统。[⊖]

这一立场的背后是我们认识到，自我总是依据它与环境世界的相互作用来获得定义，而世界总是依据它对自我实际或潜在的影响而被感知。

这个观念的另一个方面需要明确：我们在这里讨论的是**知觉**（perception），是自我及其属性、世界及其诸多方面被**感知**的方式。当然，这里的**知觉**并不仅仅指视觉上的或是作为独立存在的感官知觉。尽管我们知觉的感官层面有时可能被证明是非常重要的，但其实它们在更大的背景

⊖　可以把这些建构看作一个合成物，由一个人对生命重大问题所持有的相对持久的知觉所组成。参见第 8 章。

下也总是如此。

我们生活在一个感知的世界里——也就是说，我们生活在知觉为我们揭示的世界里。在我们体验生活时，我们形成了对这个世界的要素和各个方面的感知。这些成为我们对事物的定义，无论对错，这种感知在很大程度上决定了我们将如何与用它们命名的事物联系起来。

　　世界是个安全的地方吗？女人能像男人一样处理这类问题吗？这位艺术权威将如何回应我的画作？我是必须结交大人物才能升职，还是仅仅做好工作就足够了？

死亡无处不在

有种病百分之百致命，其名曰"生命"。生命存在于出生和死亡之间，这一真实而无法回避的现实，以看不见和看得见的方式影响着我们的思想和行动。在生命的早年，我们心里都相信永生不死，但死亡的影子还是时不时地落下来。随着年龄的增长，这个警告越来越频繁，越来越急促。

死亡相伴生命的每一天，每一刻。它不是**将来**才会发生的事情，它就是**现在**每时每刻的现实。每一刻的生命都活在前一刻的死尸上。我今天的爱人在明天的吻中死去。

认识到这一点，期待、理解、回忆和后悔就是无可厚非的，但如果它们模糊了当下这一刻所承载的内容，那就不合适了。死亡这一事实本身，能给现在的（在某种程度上也是抓得住的）生活注入活力，因此死亡给出的忠告是采取行动，不要拖延。

心理咨询师需要意识到（并帮助他们的来访者意识到），阻抗是一种延迟死亡的可能性的尝试。真正意识到这一无情的事实，可能会促使一个人抓住当下还有可能性的生命，并避免去面对死亡，到那时我们将无可作为。

搜寻是生命之力（**气**），随本性流转。个案概念化很容易变得像用针固定后摆放在陈列柜里的蝴蝶一样。

心理咨询和改变

存在－人本主义视角关于生命改变的心理咨询有许多观点，是时候像我展望的那样，对这些观点进行总结了。当然，不同的心理咨询也会有不同之处，这是自然的。我们面对的是一种艺术形式，而艺术的本质就决定了，没有任何一个艺术家能够掌握所有艺术。[一]因此，每个人都必须，也必然会创造自己生命的杰作，我们找不到任何借口去减轻这个责任。

在心理咨询中改变的有效因素

我们先概述下这种存在－人本主义视角：不管是就其本质而言，还是就其体验而言，生命就是主体性的觉察。没有觉察，我们就不是真正地活着。我们寻求咨询的问题（例如，焦虑、冲动控制、无意义的生活、人际关系困难）可以被认为是觉察（也即"活着"）干枯和扭曲的产物。

我们觉察的广度和深度构成了我们**自我－世界建构系统**的设定。当这个系统太局限或太不符合外界统一的世界观时，我们就会经历焦虑、痛苦、徒劳无功或其他可能导致我们寻求心理咨询的症状。关于咨询的任务，我们可以简单地描述为：探索来访者的自我－世界建构系统，然后帮助来访者做出必要的修改。

这个系统是来访者生存、寻求满足和避免伤害的方式，然而，也正是这同一个系统，现在必须被审查，并且在治疗性工作之后必须有所改变。

㊀　当然，心理咨询不仅仅是一种艺术形式，它要求在人类心理学和相关训练中有足够多的科学或知识基础。

可以理解，咨询工作不可避免地会与来访者在这个世界上的存在方式（即，那同一个自我 – 世界建构系统）碰撞，因而遇到**阻抗**。因此，咨询师在支持这个系统对来访者的生命做出贡献的同时，也必须鼓励和支持来访者与这个系统的负面影响进行对抗。

在这项工作中，治疗性过程主要以两种方式开展：①在来访者于咨询室的自我呈现中，密切关注来访者探索和利用自身能力的真实方式；②指导来访者提高自我探索的技巧和广度，以便使来访者更好地理解自己的自我 – 世界建构系统。这些任务最好在相互尊重和共同投入的条件下进行。

与修复损伤或治疗疾病的咨询观点相对比，这种咨询的工作方法可以被称为"人生教练"（life coaching）。训练的目的是提高来访者的积极生活技能，而不是专注在诸如来访者消极的生活模式上。

重申中心论点

从弗洛伊德开始，我们就被历史决定论的迷思所统治。这种观点强调要去探索曾经发生过的事情，产生了我们今天**以信息为中心**的方法。作为咨询师，我们的大部分工作都是收集和分发**关于**来访者的信息。这些信息可能是来访者的历史、当前的关注点、关系，以及来访者希望从咨询中获得什么。我们的来访者很快就陷入了围绕着信息展开的过程之中。

然而，所有的信息都是从时间之流（即生命之流）中提取出来的。唯一真正**真实**的因素是来访者的当下，然而来访者和咨询师已经不再看重当下，转而寻求"长远的视角"。

这里提出的是，咨询师需要更多地关注**真实**。这意味着要关注来访者在当下的主观体验；意味着（与希尔曼的观点一致⊖）要放弃寻找**原因**的理

　　⊖　Hillman, J. (1983). *Healing Fiction*.

念；意味着要让来访者了解自己此时此刻的体验。

　　我们有很多生存方式都有其过往的渊源，这个观点我并不反对，但我坚持认为，虽然过往历史让我们具备了很有用的习惯体系（如表达、社会交往和很多其他方面），但这些习惯在某种程度上类似于肌肉的习惯——是可获得的、重复的、不断进化的、不完全有意识的，而且只是半自发的。我可以，有时有必要去改变或推翻一些习惯才能去开车，去做日常生活中的大部分身体活动。**如果在情绪模式启动的那一刻我觉察到了这些模式**，我是可以改变和推翻这些情绪模式的。然而，我对我的许多情绪习惯并不完全**了解**，而且只有在它们发挥作用之后才能有所了解，也即把它们当作关于我自己的信息和关于过去的信息去了解。

　　情绪习惯是一种以模式化的方式去应对某些情况的一套方式或倾向。

　　这里所提出的是，在此时此刻明确地识别那些**正在运作但被忽视**的模式，会在一个人的内在管理系统中引入一个新的要素。做到这一点，就会启动一个可以产生深远结果的改变过程。

什么是人生教练

　　人生教练是一种心理咨询模式。顾名思义，它是观念和实践的一种结合，通过这种结合，一个受过训练的、全心投入的人可以为另一个人提供一个促进性的、获得新生的视角和体验。接受这种帮助的人可以被称为"来访者"或"病人"，但重要的是强调，这个人自己的责任和自我导向需要占据中心地位。

　　这一概念包含一个重要信念，即许多（或许是大多数，甚至可能是全部）迫使人们前来接受心理咨询的痛苦，其根源都是不起作用和起了反作

用的生活假设，以及由此产生的行为和反应模式。[○]

　　这个概念还有一个同样重要的假设，即只有当处于痛苦之中的人对他的生活（他的假设、模式和内在冲突），有了新的看法时，他才会从这些痛苦中解脱或康复。

对我们工作的反思

　＊　与我们一起工作的人和我们在一起时，一直都在活生生地展现自己。他们来给我们讲述他们在生活中的不如意，也在我们办公室里把这些不如意活生生地表现了出来。

　＊　我们不是可以指挥别人如何生活的内科医生、修理工或可用替身。

　＊　我们是那些对自己生命的经历感到不满意的人的教练。

　＊　唯一能产生持久效果的改变，是一个人对自己和世界看法的改变。

　＊　只有当我们帮助来访者更全面地看到就在此时此刻，就在这个房间里，他们是如何活出自己生命的时候，改变才会发生。

　＊　关于一个人的"自我"，唯一的现实是在此时此刻的**真实**。其他一切都是静止的、没有力量的，只是信息而已。

　＊　识别、洞察、解释和类似的、常见的治疗性手段常常被误认为是目标。这些手段只有在能够唤起或表达出当下体验时才是有用的。

　○　显然，这让我们把注意力集中在有时被称为"功能性"或"心因性"的疾病上。但是，我们也应当认识到，许多器官或身体的痛苦可能纯粹或者主要是根植于心理因素，或是因心理因素而加重的。

深度心理咨询的核心戏剧性

我将在这里，以极为简单化的方式，勾画出以体验为中心的心理咨询取向所设想的重要过程。可能因此需要重新审视某些关键术语。我希望，相比我（相当偏执地）以为的那种"侦探小说"式的疗法（那些治疗模式主要关注于寻找来访者个人史和疾病之间的因果关系，然后将这些联系教授给来访者，希望消除或至少从根本上改变这些疾病的条件），以体验为中心的心理咨询取向能培养一种更有活力或创新力的治疗性参与感。

深度心理咨询的基本戏剧性是在两种对立力量的斗争中进行的。一方面是**可能性**与**担忧感**的结合，这些感受在生活的各个方面推着我们向前。另一方面，这些积极的推动力会遭遇其他主体性因素：这些因素寻求连续性和可预见性，以力量或结构的形式出现。这些因素的影响可以统一归为**阻抗**。随着深入探索，我们发现这些阻抗主要是我们自我－世界建构系统的表达，是我们定义我们自己的本质和我们所生活的世界的本质的方式。显然，对这些定义发出的威胁，在最极端的情况下，会被体验为是对生命发出的威胁。

从前文所述可以明显看出，我们的生活是在感知层面上进行的。我们如何**看待**我们自己，**看待**我们的世界，**看待**我们的需要，**看待**我们的力量，**看待**我们的潜力，**看待**我们的体验——这是我们生活的关键。

由此可见，心理咨询必须关注感知。当然，这种关注不能仅仅局限于意识层面和可用言语描述的感知。因此，在这本书中所描述的咨询工作中，我们认真地探索了在咨询的此时此刻中展现出来的无意识的感知。

"此时此刻"这个词尤其重要。毫不夸张地说，我们所拥有的**唯一**现实就是在当下的这一刻——在我写下这些话的那一刻，以及在你阅读它们的那一刻。

即使在同一间屋子里交谈，我们也不会拥有完全相同的生命时刻，因为我们在彼此交涉时带入了多种多样、迥然不同的自身过往历史。认识到这一点，我们也会明白，来访者此时所**讲述**的体验，与彼时发生的体验总是不同的。

我在这里所提出的视角有个特别的优点，我是参照"当下"来表达这个优点的。在当下，生命方可绽放。因此，心理咨询的注意力和努力需要尽可能地集中在**当下**。

结论：尚未完成的认识

这本书试图总结我在 1999 年对心理咨询的思考和体验。它没能很好地完成使命。谢天谢地！

心理咨询关注的是正在发生的生活和活着本身。这意味着它关注正在发生的事情，关注正在变化和演进的事情，关注将要被认识的事情。相比于真实的、充满生机的心理咨询，书是静态的。我所写的东西，使我懂得了我所写的东西。当我为了更清楚地表达某一点而重写时，那一点就有了一些变化。当我试图捕捉新的感觉时，它已经先我一步消失了。

生命就是这样。我们对生命的看法也是这样。因此，心理咨询的方法也是这样。我们——而且应该——总是跑着去追赶。

抱歉，我必须告辞了。我得赶紧去看看又来了什么东西。

附　录 ————

此时此刻心理咨询的公理

公理 I：一切就是一切

　　I-A："没有什么"就是"有什么"。

　　I-B：咨询中不存在暂停。

　　I-C：总有更多的内容。

　　坚持无论在咨询室里发生了什么，它都是心理咨询的一部分，会带来很大的作用和力量——即使是在沉默的时候，即使是不涉及任何事的时候。这一原则会让大多数来访者感到惊讶，也会让不少咨询师感到惊讶。

　　来访者如何使用咨询的机会，咨询师如何参与（或以无为而为的方式来参与），在咨询室里偶然发生了什么或受到了怎样的影响，甚至时间的安排和当时的天气——所有这些都是可能适合讨论的话题，都要考虑在内，都要意识到其影响（不管想不想要）。

　　第三个推论既是关于心理咨询的，也是关于生活的。尽管我们尽了最大的努力，但在任何有关生命意义的话题上，都总有更多的话可以说。不存在对来访者主观体验的完整描述，也不存在咨询师把自己观点做了完整的呈现。

公理II：无论来访者做什么，都是在工作

　　II-A：来访者总是在做他的工作。

　　II-B：不管来访者说什么或做什么，工作都在继续进行。

　　II-C：无论发生什么都要给予关注。

　　公理II是公理I的推论，但它进一步表达了公理I的含义（并证明了它）。

　　对于来访者来说，意识到无论他做什么、说什么，都将被视为对咨询工作的投入，这往往会带来来访者清醒而深化的参与。与第二个推论相一致的是，就连来访者对这一原则的抗议本身（以及他们表达的方式），对他们自己来说，也仍是工作的素材。

公理III：主体性是我们生命体验的基础

　　III-A：因此，它是心理咨询的中心。

　　III-B：因此，探索一个人的主体性是一种邀请，这种邀请会遇到相应的阻抗。

　　新的来访者和缺乏经验的心理咨询师可能会觉得难以理解：与关注咨询过程中出现的感受、想法和意图相比，心理咨询师更关注来访者在此时此刻的内在体验。其中的区别在于：来访者在此时此刻的内在体验反映了来访者讲述的内容中对主体性的主观处理过程，或者它是来访者对此时

此刻体验的表达。关注来访者在此时此刻的内在体验正是咨询所要聚焦的内容。但是，如果去关注咨询过程中出现的感受、想法和意图，则把这种关注看作是在走弯路。

公理Ⅳ：生命只可能在当下存在

Ⅳ-A：咨询只能在当下进行。

Ⅳ-B：真实意味着此时此刻的存在。

大众心理学（以及相当多的传统心理动力学思想）已经普及了一种过于简单的概念，即童年经历（尤其是创伤）与当前的感觉和行为之间存在着一对一的联系。这其中忽视了**此时此刻**的重要意义。交代童年旧事的来访者正一边抽泣一边寻求着咨询师的安慰，这可能是在用当前的表达来防御此刻对童年事件的感觉。或者，来访者可能正在重演几年前发生过的坦白。又或者，她可能是想把注意力从当前与家人的冲突上转移开。换句话说，当我们采用"侦探故事"的方法时，会发现许多种可能性存在。

另外，当向这个来访者揭示其阻抗，从而帮助她对主体性体验有更深入、更直接的感受时，通过处理当下的痛苦，她可以发现任何先前的或同时出现的重要因素。

对一个人的过去，即使我们有再多的理性上的洞察，也无法提供一个真正的、持久的治疗性的改变。

公理Ⅴ：心理咨询是关于知觉的工作

Ⅴ-A：我们不是在治疗疾病或处理伤口。

Ⅴ-B：我们正在释放那些受到限制的能力。

V-C：来访者需要的是体验，而不是解释。[⊖]

刚才所说的理性上的理解在给来访者的情绪和行为带来持久的改变方面是徒劳的，这提醒我们，我们只能根据来访者感受的内容和方式来进行工作。我们永远不能完全理解他们所关心的实际事件。这不是在说我们无能为力，而是将我们的注意力引向我们的来访者如何看待他们自己和他们的生活。当我们能够帮助来访者彻底地、关键性地表达出他们对生活中许多重要情境的看法时（他们当前的看法，而不是他们的记忆或他们对某一情况的了解），则必定发生某种改变。

公理Ⅵ：治疗联盟是咨询工作的中心媒介

Ⅵ-A：好的咨询师不是好的侦探，好的侦探也不是好的咨询师。

Ⅵ-B：只有来访者有指南针。

Ⅵ-C：咨询师是一个陪伴者和询问者，但不是一个藏身处或导游。

很多时候，进入咨询的此时此刻的关键是来访者和咨询师的联盟。一般来说，这是一种理想的积极关系，其中有相互的喜爱和共情；然而，这并不是必不可少的。如果咨访双方都能够把工作任务摆在对彼此的感觉之前，同时坦诚相待，那么良好的治疗性工作是可以在不那么理想的联盟下进行的。

"良好的治疗性工作"的意思是来访者的需求拥有更高优先级，咨询师能够使用足够的同理心，在来访者向内进行探索时，去共情到那些与来访者的前意识有关的要素。如果来访者正在产生新的觉察，如果咨询师能够保持共情，并充分关注到阻抗的出现，那么这种关系可能就足够好了。（事

⊖　归功于 Freida Fromm-Reichman。

实上，这样的联结水平可能经常出现在一些咨询师身上，他们仍然能够取得足够令人满意的治疗成果。）

公理VII：情绪可以起促进作用，也可以起遮蔽效果

VII-A：除了担忧，什么都不重要。

VII-B：担忧既是指南针又是能量来源。

VII-C：困惑通常是一个信号，表明来访者通常处理问题的方法不起作用，因此可能说明一些迈出新步伐的意愿。

情绪代表着范围很广的主体性经验，其中的大多数情绪既可以促进咨询工作，也可以妨碍它。新手咨询师倾向于认为情感宣泄本身就是治疗进展的证据。然而事实并非如此。好的治疗进展常常会引发情绪——比如遗憾、沮丧、快乐、愉悦和焦虑——但这一事实本身并不会带来持久的变化。

相反，**担忧**是在面对生活中真正重要的问题，也是在面对潜在或实际影响来访者的幸福的问题时产生的情感体验。被动员的担忧（正如我们在第 4 章中所看到的那样）是良好治疗性工作的动力来源和导航系统。

公理VIII：咨询师需要尽可能地开放

VIII-A：来访者对自己的态度往往表现出阻抗。

VIII-B：表面了解，并不等于真正了解。○

VIII-C：寻找是什么阻碍了生命的流动。

正如我们鼓励来访者开放和坦诚地自我暴露那样，我们自己也需要尽

○　此处的英文原文为 "Knowing about is not knowing"。——译者注

可能地保持敞开。但咨询师的自我暴露是另一回事，只有在小心考虑过后才应该使用。

当来访者描述的经历似乎与咨询师所了解的类似时，咨询师经常出现的冲动是假设已经理解了来访者。但在许多情况下，事实恰恰相反。咨询师对独特性关注的能力（通常是指对来访者来说特别重要的是什么），常常被咨询师自己的记忆和态度所遮蔽。与在其他领域的经验相比，咨询师实际擅长的是培养来访者自己扩展其表述的能力。

和往常一样，阻抗呼唤着咨询师的特别关注。一个有用的方法是记录来访者在参与时的能量波动。因为来访者会出现犹豫、缺乏兴趣、分心、不在场，所以静静地对它们进行探索是有用的，但要充分理解是什么可能导致了来访者的这些表现。

Psychotherapy
Isn't What You Think

后　记 ———

生命不是你想的那样

生命不是你想的那样。生命是……

蛋黄知道蛋壳的形状吗？

浪花的泡沫了解波浪的力量吗？

生命不是你想的那样。

生命在此刻发生……

生命在等待发生，即使在我写的时候，

在你读的时候。

生命是体验，而不是经验。

生命不是你想的那样。

生命不是未来，不是过去，甚至也不是现在，因为**现在**的现在已经过去，这过去的现在。

生命不是你想的那样。
生命不是将来即将成为的样子，
因为未来会变成现在。
它会成为现在，但不是我们预见的现在。
在变成过去之前，生命就是发生在此刻的存在。

生命不是你想的那样……或我想的那样……
或任何怎样，
生命是存在。

参考文献————

Bernard, Theos. (1947). *Hindu Philosopy*. India: Marilas Bararsidass.

Bugental, J. F. T. (1972). Misconceptions of Transpersonal Psychotherapy: Comment on Ellis. *Voices, 8*, 26–27.

Bugental, J. F. T. (1976). *The Search for Existential Identity*. San Francisco: Jossey-Bass.

Bugental, J. F. T. (1987). *The Art of the Psychotherapist*. New York: Norton.

Bugental, J. F. T. (1990). *Intimate Journeys: Stories from Life-Changing Psychotherapy*. San Francisco: Jossey-Bass.

Chaudhuri, H. (1956). *The Meeting of East and West in Sri Aurobindo's Philosophy*. Pondicherry: Sri Aurobindo Ashram.

Deikman, A. (1990). *The Wrong Way Home: Uncovering the Patterns of Cult Behavior*. Boston: Beacon.

Fierman, L. B. (1965). *Effective Psychotherapy: The Contributions of Hellmuth Kaiser*. New York: Free Press.

Gendlin, E. T. (1978). *Focusing*. New York: Everest House.

Goffman, E. F. (1961). *Asylums: Essays on the Social System of Mental*

Patients and Other Inmates. Garden City, NY: Anchor.

Hillman, J. (1983). *Healing Fiction*. Tarrytown, NY: Station Hill Press.

Hillman, J. (1995). *Kinds of Power: A Guide to Its Intelligent Uses*. New York: Currency/Doubleday.

Jaynes, J. (1976). *The Origin of Consciousness in the Breakdown of the Bicameral Mind*. Boston: Houghton Mifflin.

Kopp, R.R. (1995). Metaphor Therapy: Using Client-Generated Metaphors in Psychotherapy. New York: Brunner/Mazel.

Kopp, S. B. (1971). *Guru: Metaphors from a Psychotherapist*. Palo Alto, CA: Science and Behavior Books.

Levenson, E. (1995). *The Ambiguity of Change*. Northvale, NJ: Jason Aronson.

May, R. (1958). *Existence: A New Dimension in Psychiatry and Psychology*. New York: Basic Books.

Pierce, J. C. (1985). *Magical Child Matures*. New York: Dutton.

Reik, T. (1949) *Listening with the Third Ear*. New York: Farrar, Strauss & Giroux.

Robertson, R. & Combs, A. (1995). *Chaos Theory in Psychology and the Life Sciences*. Mahwah, NJ: Lawrence Erlbaum.

Sarason, T. (1990). *The Challenge of Art to Psychotherapy*. New Haven: Yale University Press.

Smith, H. (1982). *Beyond the Post-Modern Mind*. New York: Crossroad.

Soukhanov, A. H. (Ed.). (1992). *The American Heritage Dictionary of the English Language*, 3rd ed. (p. 642). Boston: Houghton Mifflin.

Walsh, R. N. (1976). Reflections on Psychotherapy. *Journal of Transpersonal Psychology*, 8(2), 100–101.

Welwood, J. (1982). The Unfolding of Experience: Psychotherapy and Beyond. *Journal of Humanistic Psychology*, 22, 91–104.

Yalom, I. D. & Elkin, G. (1974). *Every Day Gets a Little Closer: A Twice-Told Therapy*. New York: Basic Books.

欧文·亚隆经典作品

《当尼采哭泣》

作者：（美）欧文·亚隆（Irvin D. Yalom） 译者：侯维之

这是一本经典的心理推理小说，书中人物多来自真实的历史，作者假托19世纪末的两位大师：尼采和布雷尔，基于史实将两人合理虚构连结成医生与病人，开启一段扣人心弦的"谈话治疗"。

《成为我自己：欧文·亚隆回忆录》

作者：（美）欧文·亚隆（Irvin D. Yalom） 译者：杨立华 郑世彦

这本回忆录见证了亚隆思想与作品诞生的过程，从私人的角度回顾了他一生中的重要人物和事件，他从"一个贫穷的移民杂货商惶恐不安、自我怀疑的儿子"，成长为一代大师，怀着强烈的想要对人有所帮助的愿望，将童年的危急时刻感受到的慈爱与帮助，像涟漪一般，散播开来，传递下去。

《诊疗椅上的谎言》

作者：（美）欧文·亚隆（Irvin D. Yalom） 译者：鲁宓

世界顶级心理学大师欧文•亚隆最通俗的心理小说
最经典的心理咨询伦理之作！最实用的心理咨询临床实战书！
三大顶级心理学家柏晓利、樊富珉、申荷永深刻剖析，权威解读

《妈妈及生命的意义》

作者：（美）欧文·亚隆（Irvin D. Yalom） 译者：庄安祺

亚隆博士在本书中再度扮演大无畏心灵探险者的角色，引导病人和他自己迈向生命的转变。本书以六个扣人心弦的故事展开，真实与虚构交错，记录了他自己和病人应对人生最深刻挑战的经过，探索了心理治疗的奥秘及核心。

《叔本华的治疗》

作者：（美）欧文·亚隆（Irvin D. Yalom） 译者：张蕾

欧文·D.亚隆深具影响力并被广泛传播的心理治疗小说，书中对团体治疗的完整再现令人震撼，又巧妙地与存在主义哲学家叔本华的一生际遇交织。任何一个对哲学、心理治疗和生命意义的探求感兴趣的人，都将为这本引人入胜的书所吸引

更多>>>　《爱情刽子手：存在主义心理治疗的10个故事》作者：（美）欧文·亚隆（Irvin D. Yalom）